CIENCIAS PARA LOS QUE SE SIENTEN JOVENES

SIN CARETA

EDICIONES COLIHUE

LA VIDA Y EL UNIVERSO

DAVID ALJANATI

sin CARETA

EDICIONES COLIHUE

DIRECTORES DE COLECCIÓN:
Dr. Gabriel M. Bilmes y
Lic. Horacio L. Tignanelli

LECTURA CRÍTICA:
Lic. Lucila Pagliai

DISEÑO DE COLECCIÓN, TAPA E INTERIORES:
Julieta Ayllón
María Julia Colombo
Juana María Irigoyen

FRISO FONDO DE TAPA, DIBUJOS Y VIÑETAS INTERIORES:
Lic. Pedro Luis Cazes Camarero

ILUSTRACIÓN DE TAPA:
"LA escalera de la evasión", de J. Miró, 38 x 46 cm, realizada en 1940. (Detalle)

COMPOSICIÓN LÁSER Y ARMADO:
Maximum

I.S.B.N. 950-581-672-3

Av. Díaz Vélez 5125
(1405) Buenos Aires - Argentina
Hecho el depósito que marca la Ley 11.723
Impreso en la Argentina
Printed in Argentina

Como siempre se dice y nunca deja de ser verdad, un libro no es solamente el producto de la creación del autor que figura en tapa. Un libro es producto también de todos aquellos que colaboraron directa o indirectamente para que sea posible. Aquellos que enseñaron al autor cuanto sabe, que influyeron en formar su personalidad y su forma de pensar (con sus virtudes y sus defectos).

Pero, en fin, como sería imposible enumerar a tantos y a tan variados personajes, uno no puede más que contentarse con poner en letras su agradecimiento a todos aquellos que participaron más directamente en la realización de la obra. Aquellos que distrajeron su tiempo, esfuerzo y sobre todo, que se armaron de muchísima paciencia. Porque, hay que decirlo de una vez por todas: los autores, a veces, nos ponemos bastante pesados.

Ahí van sus nombres:

Gabriel Bilmes, Fernando Colomb, Esteban Hasson, Laura Lacreu, Guillermo Petroni, Héctor Ranea Sandoval, Horacio Tignanelli e *Hilda Weissmann*. También quiero agradecer, y muy especialmente, a las nóveles lectoras críticas, *Alejandra, Paula* y *Tamara*, adolescentes que con pocos años de tragalibros en sus espaldas, aguantaron los desprolijos borradores de este librito para dar su benévola opinión.

David Aljanati

INTRODUCCION

¿Nos visitan desde el espacio?

Muchísimos hombres y mujeres de diversa condición social, económica o cultural, aceptamos la posibilidad de la existencia de vida en otros mundos, incluso de vida inteligente. Dentro de las ciencias biológicas ha nacido una nueva disciplina, la *exobiología* que se encarga de investigar todo aquello que esté relacionado con la búsqueda de vida fuera de la Tierra.

Paralelamente a estas investigaciones, nos llegan casi a diario informaciones sobre posibles "visitas" de máquinas tripuladas por seres provenientes del espacio exterior. La llegada de seres extraterrestres a nuestro planeta parece haberse transformado en un hecho cotidiano.

Hay quienes dicen haber tenido el gusto de observar la técnica creada por seres de esos alejados planetas. Algunos, incluso, declaran haber tenido la oportunidad de charlar un rato con ellos o haber vivido excitantes experiencias en su compañía.

La "investigación" de estos hechos está a cargo de una pseudociencia mucho más difundida que la exobiología debido al interés que suscitan sus "increíbles revelaciones". A esta pseudociencia se le ha dado el nombre de ovnilogía o ufología y cada tanto suele ocupar grandes espacios en diarios y publicaciones destinadas a la "divulgación científica".

Sin embargo esta aceptación casi generalizada de que la vida puede haber prosperado fuera de la Tierra y que somos susceptibles de ser visitados por sus representantes más avanzados, es relativamente nueva. La humanidad tuvo que recorrer una larga y a veces penosa historia hasta llegar a aceptar la posibilidad de existencia de vida en otros mundos.

LA PRIMERA OBSERVACION

En Balcarce, como en una vasta zona del país, llueve desde ayer y en ocasiones la lluvia se ha visto acompañada de fuertes ventiscas.
Cumpliendo su servicio de guardia, se hallaba desde anoche a cargo de la comisaría el oficial Juan Félix Goñi, hombre que cuenta varios años en la dependencia y a quien se reconoce su carácter tranquilo y poco propicio a dejarse llevar por las alucinaciones.
A eso de las seis, Goñi salió a la puerta de la oficina de guardia a fin de inquirir el estado del tiempo. Estuvo allí hacía ya unos minutos cuando se le ocurrió mirar hacia el cielo. Su sorpresa no tuvo límites cuando observó que, en medio de esa profunda oscuridad, surgía un pequeño foco luminoso hacia el lado del Oeste...

Crónica de la primera observación
de OVNIS en la Argentina (Fragmento)
DIARIO LA RAZON,
18 de julio de 1947

ENCUENTRO CERCANO EN CORDOBA

Algo extraño surca periódicamente la noche de las sierras cordobesas. Más de una vez se han visto decolar enormes bolas de fuego y estrellas verdes de corazón plateado. Por la noche la tierra ruge y nadie sabe por qué. El pasado 13 de octubre la oscuridad serrana se tiñó de rojo. Estuvimos allí...

DIARIO CLARIN, octubre de 1990

APARECIO EN CORDOBA UN CIRCULO EN LA TIERRA CON 300 GRADOS DE TEMPERATURA

Un extraño círculo ardiente, de diez metros de diámetro y con temperaturas superiores a los 300 grados quebró la calma en la tranquila localidad cordobesa de Capilla del Monte.

El fenómeno, televisado por canal 12 de Córdoba y observado por vecinos del lugar, hizo recordar de inmediato que esa es una zona en la que desde hace varios años se registran denuncias acerca de la aparición de objetos voladores no identificados.

Los geólogos de la zona creen que este fenómeno podría tratarse de un incendio subterráneo de material combustible que se halla bajo la capa de tierra y pasto.

DIARIO CLARIN, septiembre de 1990

LAS CAUSAS DEL CIRCULO DE FUEGO

Los expertos que designó la Facultad de Ciencias Exactas, Físicas y Naturales de la Universidad Nacional, realizaron los informes preliminares sobre el extraño fenómeno detectado en Capilla del Monte, sobre la ruta nacional 38, y llegaron a la conclusión de que la tierra caliente se originó por la acumulación de sustancia orgánica con una capa de humus seco y arena superficial, que tomó fuego después de una quema de campos convirtiéndose en lo que técnicamente se denomina como ``fuego subterráneo´´.

DIARIO CLARIN, septiembre de 1990

PILOTO NORTEAMERICANO ASUSTADO POR PRESENCIA DE OVNI CERCA DE SU AVIONETA

Corría el año 1947, Kenneth Arnold se ponía pálido, apenas podía creer lo que veía. Solo, en su avioneta particular, avistó "nueve objetos brillantes y redondos, similares a dos platillos de café invertidos y unidos por los bordes". Kenneth inauguró con esta observación la moderna ovnilogía (estudio de los OVNI-Objetos Voladores No Identificados) o Ufología para los angloparlantes (estudio de los UFO-Unidentified Flying Object).

MOCHILEROS ARGENTINOS AVISTAN ENIGMATICA LUZ EN EL CIELO PATAGONICO

Corría el año 1978, nos poníamos pálidos, apenas podíamos creer lo que veíamos. Solos, sentados en el duro suelo patagónico, avistamos un objeto del tamaño de una estrella de primera magnitud, o sea de las grandes y luminosas. Ante nuestro estupor, ascendía velozmente por el espacio. Había emergido en forma súbita detrás del horizonte. Y lo más increible: ¡zigzagueaba levemente! Nuestras novias roncaban estrepitosamente en sus bolsas de dormir particulares.

Habíamos pasado un día agotador tratando que algún camionero solidario nos ayudara a llegar a la cordillera, pero nada.

Nosotros, los machos, decidimos quedarnos de guardia toda la noche "por si las moscas".

Charlamos largamente sobre "cosas de la vida", que por aquel entonces estaba bastante dura, hasta que vimos el extraño fenómeno.

Claro, dos estudiantes de ciencias exactas debíamos hallar una explicación "científica" al asunto. Aplicando el "método científico" que nos enseñaran insignes profesores, decidimos largarnos a elaborar hipótesis, pero ninguna nos satisfacía.

No nos atrevíamos a despertar a nuestras acompañantes hasta no estar seguros, temíamos la "gastada" más que a los OVNI, pero al fin con las neuronas agotadas de tanto exprimirlas buscando una explicación racional, las despertamos tímidamente.

Abrieron los ojos, sonrieron socarronamente y nos dijeron: ¡duerman un poco, nosotras nos quedamos de guardia, es más seguro. No ven que es el lucero del alba. ¡Giles!

Nos fuimos a dormir desilusionados y avergonzados.

Las chicas para colmo, tiraron lo poco que quedaba de la botella de ginebra que nos había acompañado en la larga vigilia.

Esto nos molestó más que el hecho de no poder aportar un nuevo dato a los archivos de Favio Zerpa.

C A P I T U L O

I

UN PROBLEMA CON HISTORIA

El cielo de los antiguos

Desde hace miles de años, el hombre ha mirado al cielo con interés, y en las noches claras se sorprendió por la inmensa cantidad de lucecitas que lo poblaban.

Lógicamente comenzó a hacerse preguntas y a tratar de darles respuestas. ¿Qué eran esos millones de pequeños puntos brillantes? (Aunque en la época de la cual hablamos probablemente aún no se había inventado el número). ¿Para qué estaban allí y cómo habían aparecido? ¿Qué influencia tenían sobre la vida de la gente?

Era tal vez más fácil explicarse los para qué y los porqué del candente Sol: era la fuente de luz, abrigaba en los días fríos. Tal vez hasta podía arriesgarse que estaba hecho de fuego.

Pero ninguno de esos pequeños puntos de luz servía para eso. Tampoco el gran disco plateado, que unos días se presentaba entero y luego iba borrándose lentamente hasta desaparecer por completo y reaparecer nuevamente al cabo de un tiempo.

Los primeros intentos de explicar estos fenómenos han llegado hasta nosotros a través de antiquísimos escritos de pueblos del Asia y del Oriente Medio. Pudiera pensarse que muchísimo antes, otros pueblos tenían su propia explicación para estas observaciones sin que nos enteráramos de ello.

Podemos suponer que tanto los pueblos que dependían de sus cosechas, como aquellos que se movían de un lado para otro en el territorio que ocupaban (pueblos nómades), advirtieron que ciertos fenómenos naturales tales como inundaciones, tormentas de arena, lluvias, floraciones y otros, se repetían cada tanto.

Seguramente observaron que estas rutinas tenían algo que ver con la posición que ocupaban en el cielo las estrellas, la luna y el mismo sol. Esta observación era ya de gran importancia, no sólo como una curiosidad, sino que permitía planificar las actividades humanas según la posición relativa de los astros.

Todo parecía indicarles a estos pueblos de la antigüedad que sus actividades económicas y sociales estaban regidas por los astros. El hombre no podía cambiar con su voluntad el destino fijado por las estrellas.

Por ejemplo, había un tiempo para sembrar: cuando la luna estaba en tal y tal posición y no en cualquier otra. Otros eran los tiempos para cosechar o para esperar. Y mirando atentamente el cielo no era difícil distinguir unas épocas de otras.

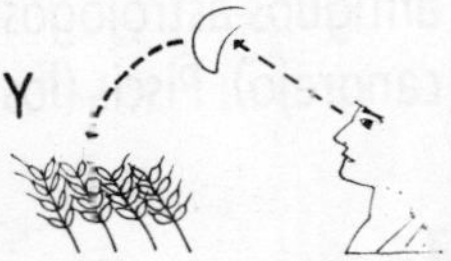

Para los nómades la cosa no sería muy diferente, tal o cual momento era el más propicio para organizar las largas caravanas y otro para acampar a la espera de que cambiaran las posiciones de los astros y comenzara la época de seguir camino.

Los pueblos errantes incluso, advirtieron tal vez que las estrellas también servían para orientar su ruta.

Fue naciendo así la observación astronómica. *Astronomía* es *una palabra griega que significa ley de los astros y en esos lejanos tiempos de la historia, nacía junto con la Astrología (o estudio de los astros).*

Algunos hombres destacados de la comunidad fueron haciendo croquis de las posiciones de las estrellas en el firmamento, e indicaban en ellos la forma en que éstas cambiaban a lo largo del tiempo, hasta que volvía a repetirse el ciclo.

Uniendo unas estrellas con otras los antiguos imaginaron representadas en el cielo, formas que les eran familiares en su vida cotidiana y que denominaron *constelaciones*. Si bien distintas culturas unieron a las estrellas de forma diferente y obtuvieron obviamente diferentes figuras, las más difundidas son aquellas que provienen de la cultura babilónica que floreció unos 3000 años antes de Cristo. Estas figuras fueron luego retomadas por los griegos y se conocen como los *signos del Zodíaco*, cada uno correspondiente a una de las Constelaciones de los antiguos astrólogos-astrónomos: Tauro (el toro), Cáncer (el cangrejo), Piscis (los peces), son ejemplos de ellas.

Imaginaron leyendas sobre influencias de tal o cual constelación sobre la vida de hombres y pueblos, y fueron ordenando las actividades de la comunidad según esas supersticiones, en las que hoy todavía mucha gente cree.

Visto de ese modo, el Universo entero parecía estar hecho al servicio del hombre y aparentaba girar incesantemente alrededor de un centro inmóvil: la Tierra. Probablemente así nació la visión GEOCENTRICA del Universo. La palabra griega GEOS significa Tierra.

Se la concebía como el centro de un Universo creado para facilitar o dificultar la vida de los hombres.

La creencia de que el hombre era el destinatario último de todo lo que ocurría, lo conocemos como ANTROPOCENTRISMO o visión antropocéntrica, y deriva de la palabra griega ANTROPOS que quiere decir hombre.

Como podemos imaginar, aquellos que estaban capacitados para interpretar la voluntad de los astros y entonces prever los períodos de calamidades y los de bonanza, gozaban de un gran poder. Pronto aparecieron quienes como siempre, por supuesto y por suerte, opinaban en forma distinta a la establecida y como siempre, por supuesto y por suerte, quisieron dar a conocer sus propias ideas.

Comenzaron entonces a divulgar otras visiones del Universo y desafiaron así el poder de los Astrólogos.

Algunos de ellos pagaron con su vida o con persecuciones y el exilio el hecho de atreverse a cuestionar estos mitos. Muchos, seguramente nunca revelaron lo que pensaban.

El primer antecedente que nos llegó sobre un hombre de la Antigüedad que fue duramente castigado por atreverse a expresar una opinión distinta de la oficial, es el del gran pensador griego *Anaxágoras* que vivió, hace casi 2500 años. Anaxágoras sostenía que había muchos mundos y que lo que llamamos estrellas eran precisamente otras Tierras que poblaban el Universo. Sostuvo también que muchas de ellas podían estar habitadas por seres inteligentes y que el hombre podía no ser el único habitante del Universo. Su opinión tuvo poca influencia en su época, pero aún así debió escapar de la venganza de los sacerdotes-astrólogos de su patria. Para llegar a aceptar estas ideas los hombres tuvieron que despojarse tanto de la visión geocéntrica como de la antropocéntrica. Y esto no fue fácil.

El gran circo

LOS PERSONAJES:

Por orden de aparición...

ANAXAGORAS

ARISTOTELES

TORQUEMADA

PTOLOMEO

SHOPPIUS

Con la participación de:

GIORDANO BRUNO

Estrenada en un lugar conocido con el nombre de Campo Dei Fiori, Roma el 17 de Febrero del año 1600.

SE INICIA EL DRAMA

Roma se ha convertido hoy en un punto de encuentro en el tiempo. Hay miradas expectantes sobre el Campo Dei Fiori. El espectáculo va a comenzar.

Una alta pira de leña se alza en el centro del campo, rodeando un grueso poste de roble. Alrededor de la futura hoguera un círculo de hombres con sus cabezas cubiertas por capuchas de rústica tela, llevan en sus manos teas encendidas. El resplandor ofrece un espectáculo escalofriante. Un aro de luz rojiza ilumina la seriedad de máscaras de los monjes. Más atrás, reflejos anaranjados ponen color a las risas inocentes de los niños y a la ansiedad de los hombres y mujeres que se congregaron para ver, gratis, los últimos momentos del Demonio.

ACTO PRIMERO: Escena del crimen

Anaxágoras sentado en el techo de un flamante edificio de la época, observa atento y vocifera mirando hacia el cielo .

ANAXAGORAS.— ¡Qué momento tan desgraciado para la humanidad! ¡Ah, si pudiera torcer la historia!, pero... ¿qué puede hacer un pobre fantasma como yo en estos tiempos modernos?

De pronto advierte nuestro interés en su historia y mirándonos de frente nos habla.

ANAXAGORAS.— Permítanme presentarme: Yo soy Anaxágoras, el más grande pensador de la Grecia Antigua (modestia aparte). La muerte no pudo conmigo. Estaba resuelto a "vivir" este momento donde una vez más intentarán acallar a un hombre porque sus ideas no les gustan o no les convienen. Este hombre que hoy van a quemar es el continuador de mis deducciones sobre el Universo y los seres que lo habitan. Yo pagué con el destierro, él pagará con la muerte pero otros nos sucederán y algún día se sabrá la verdad.

Hoy es el 17 de Febrero del año 1600, según el raro calendario que establecieron después de mi muerte. ¡Recuérdenlo! Pasará a la historia. Pero, algo se mueve allá abajo, veamos.

ACTO SEGUNDO: La víctima hace su entrada

Vestido con el sudario que identifica a los herejes, con la lengua trabada por hierros y encadenado como si se tratara del mismo Satanás, un hombre joven es conducido por guardias fuertemente armados. Está siendo engrillado al poste de roble que se halla en el centro de la pira.

La multitud se agita. Sólo los monjes con sus antorchas no demuestran inquietud alguna. Parecen cumplir con una aburrida rutina. Anaxágoras siente un ruido cerca de él, detrás de una chimenea que está a sus espaldas en el mismo techo donde se encuentra.

ANAXAGORAS.— *(sorprendido).* ¡Qué veo! ¡Eh! ¡Eh!, sí tú, sal de tu escondite. Pude verte. ¡Eres el mismísimo Aristóteles! ¡Tú también has venido! Hacía como dos mil años que no te veía. ¿Qué me dices ahora? Tú, defensor de las jerarquías en la Tierra y en los cielos. Este es el resultado de tu orden aristocrático. ¡Has logrado lo que querías!

ARISTOTELES.— (*confundido y apenado*). No me juzgues tan duramente Anaxágoras. Creí y aún creo firmemente en mi sistema del mundo pero nunca pensé en imponer mis ideas a sangre y fuego.

ANAXAGORAS.— (*enojado*). Pues a mí me parece que sí. Mira. Mira a los fanáticos monjes de la Inquisición. Están por cometer un asesinato en tu nombre. El único delito de ese hombre fue pensar, y me atrevo a decir que pensar bien.

ARISTOTELES.— No lo entiendes, no soy yo el que lo inculpa. Después de todo no soy más que un fantasma casi tan viejo como tú...Recuerda que yo también sufrí el exilio por mis ideas que, aunque contrarias a las tuyas eran más avanzadas que las de tus acusadores. Los inquisidores de hoy sólo me toman como excusa para sus propios intereses. Me han interpretado como más les convenía y ahora yo pago el pato.

TORQUEMADA.— (*de pie sobre el tejado, con el dedo apuntando alternativamente a Aristóteles y a Anaxágoras*). ¡Silencio los dos! Déjenme regocijarme con el espectáculo. Si yo hubiera vivido en vuestra época estaríais chamuscados tanto uno como el otro. ¡Hijos del Demonio!

ARISTOTELES.— ¿Quién anda ahí? ¿Quién habla tan irrespetuosamente?

TORQUEMADA.— Yo, el monje de Torquemada. Yo, el que se dio cuenta de que aceptar tus estúpidas ideas sobre la esfericidad de la Tierra habitada por arriba y por abajo nos llevaría al fin de la religión. Y tú Aristóteles llegaste a escribir esa herejía. Jamás lo hubiera esperado de ti. Nos has obligado a corregir tus devaríos para poder aprovechar tus aciertos.

ANAXAGORAS.— (*Irrespetuoso y cínico*). ¿Y qué dices de mí, oscuro monje?

TORQUEMADA.— De ti Anaxágoras digo que eres el mismo Demonio. Quisiste ver muchos mundos en vez del único que Dios creó y habitamos. Creíste que la Luna estaba habitada por seres inteligentes. ¡Tonto! ¿Cómo Adán pudo haber tenido descendencia en ese disco plateado? Repito, tú eres el Demonio mismo y el que ha creado al monstruo que ahora quemarán los míos para ejemplo y castigo de la ciencia atea.

ANAXAGORAS.— ¡Ja! Ya verás. Ni quemando a miles podrán detener el avance del pensamiento. Hoy ya se ha demostrado la esfericidad de la Tierra. Nuevos continentes han sido descubiertos. Las ideas de Aristóteles que tú tanto criticas han demostrado su verdad, y aquellas que tú tanto aprecias, su falacia.

TORQUEMADA.— (*admonitorio*). La experiencia nada demuestra. Sólo el libro sagrado contiene la verdad. Ni mil herejes juntos me convencerán de lo contrario.

ANAXAGORAS.— (*agarrándose la cabeza con las dos manos*). ¡Qué bestia!

TOLOMEO.— Pero qué dices Torquemada, a mí mismo me confundes.

ARISTOTELES.— Tolomeo, hombre. ¡Tu también aquí!

ANAXAGORAS.— (*Con cara de aburrido*). Eramos pocos y parió la abuela...

TOLOMEO.— (*dirigiéndose a Aristóteles*) Gran Maestro, ¿no teníamos nosotros razón acaso? ¿No elevamos con nuestros pensamientos la gloria del orden celestial afirmando la necesidad del orden terrenal?.

ARISTOTELES.— (*sospechosamente cariñoso*). Así lo creo Tolo querido. Son éstos, Anaxágoras y aquel Bruno que hoy será quemado, los que todo lo confunden. Sin embargo, al que no entiendo ni por joda es al Torquemada éste.

TOLOMEO.— (*dirigiéndose a Torquemada con cara de carnero degollado*). ¿Entonces por qué tú y los tuyos nos juzgan tan mal Torquemada? ¿Por qué olvidaron nuestros libros y a nosotros mismos? ¿Por qué pusieron en boca nuestra cosas que jamás sostuvimos e intenciones que jamás tuvimos? Por....

TORQUEMADA.— (*inflexible*). ¡Basta de preguntas, carajo!

Ustedes ayudaron a pudrir la mente de la plebe con su Tierra y Universo redondos como manzanas. Pusieron la morada Celestial tan lejos de los hombres que muchos ya dudaban de que existiera.

TOLOMEO.— Pero volvieron a la idea de la Tierra plana cuando ya había suficientes evidencias de su esfericidad. ¡Se pasaron viejo!

TORQUEMADA.— (*Piadoso*). Todo sea por la voluntad del Señor.

ANAXAGORAS.— ¡Qué animal!

ARISTOTELES.— Schhh...Veamos qué sucede.

ACTO TERCERO: El asesinato

Lentamente los monjes encapuchados giran con sus antorchas y las van arrojando a la hoguera.

Como un pequeño sol central se levanta la llama. Giordano Bruno, acusado de herejía por el tribunal del Santo Oficio y condenado a morir en la hoguera, soporta en silencio el martirio que le han impuesto.

ANAXAGORAS.— (*acusador*). Mira, Monje de las tinieblas. El Sol se ha encendido en el centro y a su alrededor giran los planetas. Paradójicamente parece que estuvieran representando el Sistema Solar del genial Copérnico y del valiente Giordano.

TORQUEMADA.— (*Cada vez más furioso*). Cállate ¡Satán!

Lo que están representando es el fin del Anti-Cristo. Escuchen, escuchen atentamente las palabras de uno de mis continuadores, el prudente Schoppius.

ACTO CUARTO: La Justificación

Se oye desde lejos la voz de Schoppius:

SCHOPPIUS.— "De esta manera pereció ignominiosamente Bruno, en medio de las llamas; ahora podrá relatar en los otros mundos, que de manera tan blasfema imaginara, cómo tratan los romanos a los ateos iguales a él."

TORQUEMADA.— (*Saltando como un energúmeno*). ¡Bien! ¡Viva! ¡Viva! amigo Schoppius, digno representante de la Inquisición. Tu sí sabes lo que dices. Ahora nadie se atreverá a nombrar al endemoniado napolitano, aunque lo admiren y crean en sus tonterías.

ANAXAGORAS.— (*repentinamente optimista*). Se atreverán. ¡Yo te lo digo! Otros tomarán su camino, mejorarán sus ideas. Llegará el tiempo en que el hombre se sacudirá vuestros viejos conceptos y tal vez hasta logre volar por los cielos infinitos.

TORQUEMADA.— (*irónico y risueño*). Eres un soñador Anaxágoras. Por ahora, lo único que vuela son las cenizas de Giordano Bruno y con él sus (y tus) absurdos mundos poblados.

ANAXAGORAS.— (*entristecido, con la cara oculta entre sus manos y ahora en tono conciliador respecto a Aristóteles*). Ves Aristóteles, se sienten orgullosos de sus salvajes esfuerzos por detener el conocimiento. ¡Qué me dices ahora!

ARISTOTELES.— No me culpes a mí. Ya ves, yo mismo sería

quemado en esta época negra. Pero estoy contigo, las hogueras de estos fanáticos no lograrán quemar el ansia de los hombres por conocer...

FIN

Breve biografía de los personajes.
(O respuesta a la inquietante pregunta: ¿Quiénes serán estos tipos?)

ANAXAGORAS:
Vivió en Grecia entre el 500 y el 400 antes de Cristo. Filósofo y político fue el primero en postular la teoría de que la materia estaba formada por pequeñísimas partículas (átomos). Sostuvo que había múltiples mundos habitados. Fue desterrado por sus ideas. Su protector, el estadista Pericles, lo salvó de la muerte a que lo condenaron por desafiar las ideas sobre la naturaleza que dominaban en su época.

ARISTOTELES:

También Griego, fue un gran filósofo que vivió entre los años 384 y 322 antes de Cristo. Sus ideas (que se supone sufrieron grandes deformaciones de su forma original según la conveniencia de los que encargaron su traducción), tuvieron y tienen aún hoy una gran influencia en la cultura occidental. Sus aportes fueron en los campos mas diversos, desde el Derecho hasta las ciencias de la Naturaleza. Defendió la idea de un orden natural, establecido tanto para la naturaleza como para la vida de los hombres en sociedad . Postuló que materia, formas, movimientos e ideas se dividían en perfectas e imperfectas y este concepto dominó todo su pensamiento. Coherentemente con ellas dividió al Universo en dos grandes partes: la elemental (terrenal e imperfecta) y la etérea (celestial, perfecta). Pese a su inclinación a mantener y justificar el orden esclavista, muchas ideas de Aristóteles fueron consideradas peligrosas por algunas poderosas e influyentes personalidades de su época. Sufrió persecuciones y el exilio por ellas.

TOLOMEO:

Astrónomo griego nacido en Egipto. Vivió en el siglo II de nuestra era. Elaboró un modelo del Universo, conocido como sistema Tolomeico, según el cual la Tierra, inmóvil, ocupaba el centro del mismo. Para Tolomeo, este Universo estaba constituido por ocho esferas cristalinas concéntricas donde se hallaban ensartados los planetas. Este conjunto giraba incesantemente alrededor de la Tierra. Su modelo tuvo una gran influencia en la Edad Media, junto a las ideas aristotélicas en las cuales se había inspirado.El modelo tolomeico recién comenzó a derrumbarse en el siglo XVI con el modelo copernicano.

TOMAS DE TORQUEMADA:

Nació en España en 1420 y murió en 1498. Fue un monje dominico español que gracias a su amistad con personajes influyentes en la corte, llegó a ser confesor oficial de los Reyes Católicos. Luego ocupó el cargo de Consejero Real y más tarde fue pomposamente designado Primer Inquisidor General por el Papa. En ejercicio de este cargo, se le atribuye haber hecho quemar en la hoguera con que se castigaba a los acusados de herejía, a más de 8000 fieles y de haber ordenado casi 90.000 castigos de diverso tipo (exilios, tortura, etc.). Torquemada se convirtió así en uno de los símbolos de la intolerancia religiosa y la crueldad. En 1492 fue expulsado de España debido a su salvajismo.

GIORDANO BRUNO:

Monje dominico y filósofo napolitano que vivió desde 1548 hasta el año 1600. Giordano consideraba al universo eterno (sin principio ni fin). Propuso que este universo no fue el producto de creador alguno sino que se formó por la aglomeración de átomos. Fue un tenaz defensor del sistema copernicano y publicó todas sus obras en el idioma del pueblo (abandonando el latín que era el idioma de rigor para las ciencias y que muy pocos entendían). Bruno fue un viajero incansable, y desde que abandonara los hábitos monásticos, recorrió gran parte de Europa difundiendo su pensamiento. Debido a su rebeldía para con las ideas y las acciones de la iglesia oficial fue torturado en forma salvaje con el fin de que se retractara públicamente. Giordano no aflojó y entonces el Tribunal del Santo Oficio lo condenó a muerte por cremación. Giordano Bruno es un símbolo de la lucha de la ciencia contra el fanatismo confesional.

El drama continúa

Desde aquellos tiempos, en que no se admitía la posibilidad de la existencia de otros mundos habitados, y cuando la sola mención de esa posibilidad podía ser causa de persecuciones y tormentos, hasta hoy, corrió mucha agua bajo los puentes.

Para los factores de poder económico, político y religioso de la Europa medieval, decir que otros planetas podían estar habitados, equivalía en los hechos, a cuestionar la descripción bíblica del origen de la vida y lo que es más importante, cuestionando a los textos sagrados se cuestionaba el poder que los poderosos ejercían sobre su pueblo. A este pueblo, pobre e ignorante, se le había hecho creer que las ventajas de que gozaban sus sacerdotes y gobernantes, estaban bíblicamente fundamentadas y que lo que allí estaba escrito, era la verdad revelada ante la cual no cabía más que someterse.

Sin embargo, todavía subsiste el gran debate de fondo: ¿cómo surgió la vida en la Tierra y cuál fue su desarrollo posterior hasta nuestros días? Y es que la aparición de la vida en nuestro planeta es la ***primera*** por no decir la ***única*** pista confiable que hasta hoy tenemos, de cómo podría haberse originado la vida en el espacio exterior.

En principio, podemos dividir las opiniones sobre este complejo problema en dos concepciones contrapuestas:

Una de las teorías recibe el nombre de TEORIA EVOLUCIONISTA y tomó impulso a mediados del siglo pasado, cuando el naturalista inglés *Charles Darwin* propuso un modelo explicativo de cómo podrían haberse derivado las especies animales y vegetales que hoy conocemos, por modificaciones de otras que las precedieron y se extinguieron.

Respecto del origen de la vida, el evolucionismo postula que ésta surgió a partir de la organización cada vez más compleja de la materia inerte, sin intervención de ningún agente sobrenatural.

En síntesis, el evolucionismo considera que todo lo que existe en la naturaleza (los planetas, las estrellas y la vida misma en la Tierra así como la que pudiera habitar en otros mundos) es producto de un larguísimo proceso natural en el cual la materia se fue organizando en forma cada vez más compleja. Proceso que aún continúa.

A partir de esta propuesta básica, en la que todos los partidarios del evolucionismo están de acuerdo, existen diversas opiniones sobre los mecanismos propuestos para explicar cómo se dio este proceso de surgimiento y desarrollo del mundo biológico.

La otra teoría es la denominada TEORIA CREACIONISTA, y más allá de los diversos matices que separan a unos creacionistas de otros, en lo fundamental estas posiciones están imbuídas de un fuerte espíritu místico.

Hay unos pocos creacionistas llamados ortodoxos que creen firmemente en la versión bíblica del surgimiento del Universo, de la Tierra y de la vida, tal cual están expresadas en el Génesis. Según esta versión, Dios creó al Universo en seis días: los primeros cuatro destinados a crear cielos y

Tierra, el quinto para crear a todos los seres vivos, excluido el hombre, y el sexto lo reservó para crear a la primera pareja humana.

Otras varianes del creacionismo, dentro de la cual se alinean no pocos científicos, consideran insostenible la descripción bíblica a la luz de los conocimientos actuales. Proponen la intervención de alguna fuerza sobrenatural para explicar el origen del Universo y en particular el origen de la vida en la Tierra.

Algunos de ellos incluso proponen que la vida surgió a partir de la "siembra" de organismos muy simples por parte de visitantes del espacio. Esta teoría lleva el nombre de TEORIA DE LA PANSPERMIA DIRIGIDA y no niega la posibilidad de la evolución posterior a partir de estas primeras "semillas de vida".

Sería muy largo enumerar las diversas posturas pero en esencia ***los creacionistas, no creen en el surgimiento natural de la vida en la Tierra y, en algunos casos, tampoco en el modelo evolucionista de desarrollo posterior a ese origen.***

El debate entre estas dos posturas no siempre es tan académico como uno pudiera creerlo. Por ejemplo en los años 1980 y 1981, hubo en los Estados Unidos de Norteamérica una gran ofensiva de los sectores de la ortodoxia religiosa contraria a la enseñanza de la teoría evolucionista por considerarla atea militante y violatoria de la libertad religiosa. Estos sectores presentaron ante la justicia un pedido de prohibición de dicha enseñanza. Si bien los evolucionistas salieron favorecidos en dicho proceso judicial, el suceso levantó una gran polvareda.

En nuestro propio país sin llegar a tal extremo, en los años de la última dictadura militar, en los ámbitos docentes y de divulgación, se sintieron presiones destinadas a evitar la enseñanza de "concepciones ateas" sobre el origen y desarrollo de la vida.

Pero lo primero es lo primero, porque como dijimos, no podremos abordar el tema de cómo la vida pudo haberse originado en otros mundos sin adentrarnos en el dilema de cómo podría haber hecho su aparición en nuestro planeta.

CAPITULO 2

LA VIDA EN LA TIERRA

De caldo somos: Orígenes de la vida en la Tierra

El conocimiento que hoy tenemos sobre la forma en que podría haber surgido la vida en la Tierra y cómo ésta evolucionó hasta llegar a desarrollar seres inteligentes —capaces de estudiarse a sí mismos y estudiar el Universo donde habitan—, nos da pistas sobre cómo podría haberse dado el mismo fenómeno en otros mundos.

La vida en nuestro planeta parece haberse originado hace unos 3800 millones de años (¡apenas! dirían al unísono geólogos y astrónomos).

Esta es la edad que surge de los análisis efectuados sobre *microorganismos fósiles* hallados en rocas de esa antigüedad en Groenlandia en el año 1979, y que representan los registros más antiguos conocidos.

Sin embargo, la forma en que se desarrollaron los primeros organismos vivos, no puede reconstruirse a partir del hallazgo de fósiles, ya que la constitución "debilucha" de estas primeras manifestaciones de la vida, impidió que dejaran marca de su paso por estos pagos. Hay que apelar entonces a las hipótesis y teorías científicas, basadas en el conocimiento que hoy tenemos de las condiciones en que se hallaba el planeta en aquellos tiempos.

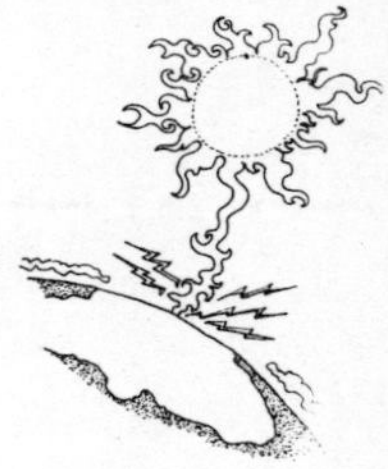

Los geólogos consideran que la edad de la Tierra es de aproximadamente 4.500 millones de años, esto significa que la vida habría hecho su aparición unos 700 millones de años después de que se formara el planeta (y otra vez apenas).

Parece ser que nuestro globito fue en sus inicios, un infierno peor que aquel con el cual nos asustan los textos bíblicos. Una masa incandescente (es decir recaliente) que comenzó a enfriarse y condensarse formando la corteza terrestre y los océanos que inundaron parte de su superficie.

Gases venenosos para la mayor parte de la vida de la Tierra actual, conformaban esta atmósfera primitiva. Las aguas se evaporaban rápidamente, se condensaban en las capas altas de la atmósfera y volvían a caer en diluvios que ni siquiera Noé con la protección del Supremo hubiera soportado.

Hasta que poco a poco (recordemos que 800 millones de años), se fueron generando las condiciones para que algunas sustancias disueltas en los tibios mares pudieran ir organizándose y evolucionando hacia las primeras formas de vida.

La atmósfera primitiva carecía de oxígeno, ese gas vital para las formas dominantes de la vida en la Tierra del presente.

Tampoco había una "barrera" que dificultara el paso de la luz ultravioleta capaz de achicharrar al bicho mejor dotado. Actualmente la *capa de ozono* (constituida por átomos de oxígeno), ubicada en las capas altas de la atmósfera juega ese papel de "filtro" de la radiación ultravioleta.

Sin embargo, *aquellas condiciones, que de existir hoy resultarían letales para la vida, fueron las estrictamente necesarias para que ésta comenzara a surgir. La luz ultravioleta, junto a las descargas eléctricas de las tormentas, proveía la energía indispensable para que moléculas de agua, de dióxido de carbono y de amoníaco se combinaran formando los compuestos básicos para iniciar el proceso vital.*

EJEMPLO DE UNA MOLECULA INORGANICA: EL AGUA	EJEMPLO DE UNA MOLECULA ORGANICA: LA GLUCOSA
H-O-H	H-C=O HO-C-H H-C-OH HO-C-H HO-C-H H-C-OH H

Donde:
C = Atomo de carbono
H = Atomo de hidrógeno
O = Atomo de oxígeno
- uniones entre átomos

Estos compuestos son conocidos con el nombre de COMPUESTOS ORGÁNICOS (Nombre que fue propuesto por el químico *Berzelius* en *1808*), debido a que se consideraba que eran producidos en forma excluyente por los organismos vivos. Hasta ese momento, no se había detectado su presencia en el mundo no biológico, ni se hallaba la manera de sintetizarlos artificialmente en el laboratorio. La característica fundamental de los compuestos orgánicos es que están formados por cadenas de átomos de carbono unidos entre sí.

Poco después, (en 1828) un discípulo del mismísimo Berzelius logra la síntesis artificial de un compuesto orgánico, la urea. A partir de ese momento, perdió cierto sentido la clasificación en MATERIA ORGÁNICA, para designar la que proviene de los seres vivos y MATERIA INORGÁNICA para designar aquella que domina en el mundo inerte. Por fuerza de la costumbre, y además porque la química del carbono es la "reina" de la vida en la Tierra, se siguen utilizando los términos orgánica e inorgánica para clasificar a las sustancias.

Estos compuestos (orgánicos, ¿queda claro?), precursores de la vida, se habrían ido almacenando en los océanos formando un "caldo caliente y diluído", como decía el bioquímico inglés *J.B.S. Haldane*. Ya en *1924* el bioquímico soviético *Alexander Oparin*, expresó estas primeras ideas, que luego fueron continuadas por el inglés en 1929.

En honor a la verdad, a fines del siglo pasado, ya algunos científicos manejaban la posibilidad de que originariamente la materia orgánica se hubiese formado a partir de la inorgánica, evolucionando luego hacia el surgimiento de la vida; pero aún no podían formularlas con

una argumentación química correcta.

Cuando Oparin y Haldane expusieron sus ideas, la mayoría de los bioquímicos de aquella época las desdeñaron. Su desdén se apoyaba en que en el siglo XVII el médico italiano *Francisco Redi*, había realizado experimentos encaminados a demostrar que un ser vivo sólo puede provenir de otro ser vivo por medio de la reproducción. Estos experimentos hicieron tambalear la ***teoría de la generación espontánea*** vigente hasta ese momento, que postulaba que "bichos" y plantas podían generarse a partir de la materia inerte. Las ideas de Redi, se vieron confirmadas y reforzadas posteriormente por los descubrimientos del químico francés *Louis Pasteur* que hacia *1856*, demostró experimentalmente que en el caso de las bacterias (los microorganismos más simples conocidos hasta ese momento) tampoco funcionaba el mecanismo de *"generación espontánea"* y que el proceso que les daba origen era reproductivo como en el resto del mundo vivo.

El error de aquellos bioquímicos consistió en no advertir que tanto Oparin como Haldane no afirmaban que la vida pudiera surgir por generación espontánea en las condiciones actuales. Lo que ellos postulaban era que, en un principio, y en las condiciones en que la Tierra se encontraba en aquel momento, fue posible por única vez la formación de los compuestos necesarios para el desarrollo de la vida primero y su organización en un ser vivo, después.

En 1871, el naturalista inglés Charles R. Darwin, padre de la teoría de la evolución biológica, advertía:

"Se ha dicho a menudo que la totalidad de las condiciones necesarias para la formación del primer organismo vivo son las que presenciamos hoy en día y no pueden ser otras que las actuales. Sin embargo, si se pudiera concebir la formación química de un compuesto orgánico en algún estanque pequeño y cálido que contuviera sales fosfóricas y amoniacales, que recibiera luz, calor y electricidad, compuesto que una vez formado podría sufrir otros cambios posteriores de mayor complejidad, en las condiciones actuales este material sería devorado o absorbido al instante, lo cual no podría haber sido el caso previamente a la formación de los primeros seres vivos"

La cuestión es que, en *1951*, los científicos *Urey y Miller*, investigadores de la Universidad de Chicago, iniciaron un experimento crucial destinado a aportar datos experimentales para las teorías evolucionistas sobre el origen de la vida.

Estos científicos demostraron que, con la energía proveniente de descargas eléctricas, en forma de chispas emitidas dentro de una mezcla de gases como hidrógeno, metano, amoníaco y agua, se formaban compuestos de tipo orgánico, en particular AMINOÁCIDOS. Los aminoácidos son los elementos constitutivos de las proteínas, moléculas de gran importancia biológica y características de los seres vivos. El resultado no fue precisamente la obtención de un organismo, pero representó un gran paso en el apoyo de la teoría del origen y desarrollo evolutivo de la vida.

Es como si hubiéramos podido sujetar la punta del ovillo

ESQUEMA DEL APARATO UTILIZADO POR LOS CIENTÍFICOS UREY Y MILLER EN SU EXPERIMENTO.

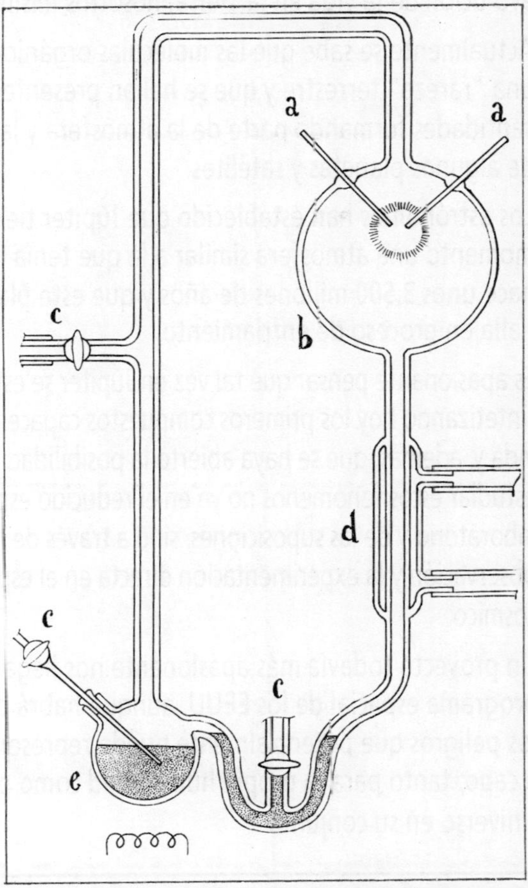

En un artefacto como este se logró con éxito la síntesis de compuestos orgánicos a partir de materia inerte.
En el matraz pequeño (e) era calentada una mezcla de sustancias que generaban gases simulando la atmósfera terrestre primitiva. Estos gases eran sometidos a descargas eléctricas a través de electrodos (a). Los productos obtenidos se enfriaban en el condensador (d) y eran recogidos en el tubo en forma de U de la parte inferior del aparato.
A través de llaves (c) se obtenían muestras de las distintas etapas del proceso.

que tiene en su otro extremo al máximo exponente de la evolución de la vida en la Tierra: nosotros mismos.

Actualmente se sabe que las moléculas orgánicas no son una "rareza" terrestre y que se hallan presentes en grandes cantidades formando parte de la atmósfera y la superficie de algunos planetas y satélites.

Los astrónomos han establecido que Júpiter tiene en este momento una atmósfera similar a la que tenía la Tierra hace unos 3.500 millones de años y que este planeta se halla en proceso de enfriamiento.

Es apasionante pensar que tal vez en Júpiter se estén sintetizando hoy los primeros compuestos capaces de fundar la vida y, además, que se haya abierto la posibilidad concreta de estudiar estos fenómenos no ya en el reducido espacio del laboratorio y de las suposiciones, sino a través de la observación y la experimentación directa en el espacio cósmico.

Un proyecto todavía más apasionante nos llega desde el programa espacial de los EEUU, aunque habrá que evaluar los peligros que potencialmente pueda representar llevarlo a cabo; tanto pára la propia humanidad como para el Universo en su conjunto.

LA "NASA" PROYECTA SEMBRAR VIDA EN MARTE

La agencia aeroespacial norteamericana, presentó un proyecto para sembrar vida en el planeta Marte, creando las condiciones para la colonización del mismo en un futuro. Se cree que ya se está en condiciones de lograr el desarrollo de algunas formas simples de vida en el planeta que podrían ir creando una atmósfera de oxígeno que lo hagan un lugar apto para la supervivencia humana en el futuro lejano.

DIARIO CLARIN, agosto de 1991

¿Nacimos vestidos o desnudos?

Aunque A. Oparin y J. Haldane coincidían en lo esencial, se enfrentaban en un punto:

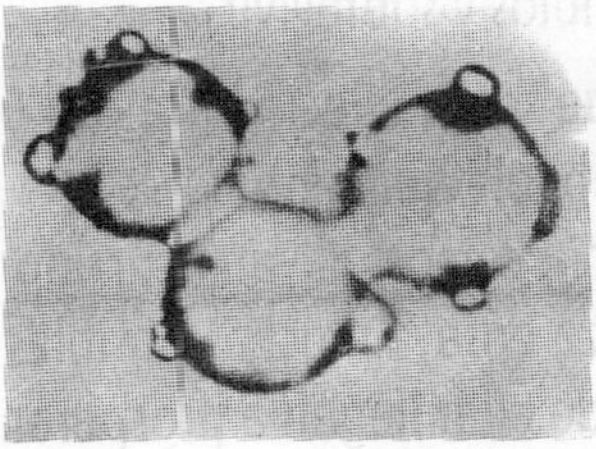

FOTO 1

Haldane sostenía que una población de ***moléculas orgánicas*** "desnudas", adquirieron la capacidad de AUTODUPLICARSE (reproducirse) en aquel caldo primitivo.

Oparin por el contrario, las "veía" protegidas del medio exterior por membranas donde se diferenciaba claramente el adentro del afuera. Así quedaba formada una especie de gota a la que llamó ***"coacervado"***. En su opinión esto convertía al interior del coacervado en un pequeño "laboratorio". En la visión de Oparin los coacervados constituirían los precursores de la primera célula.

FOTO 2

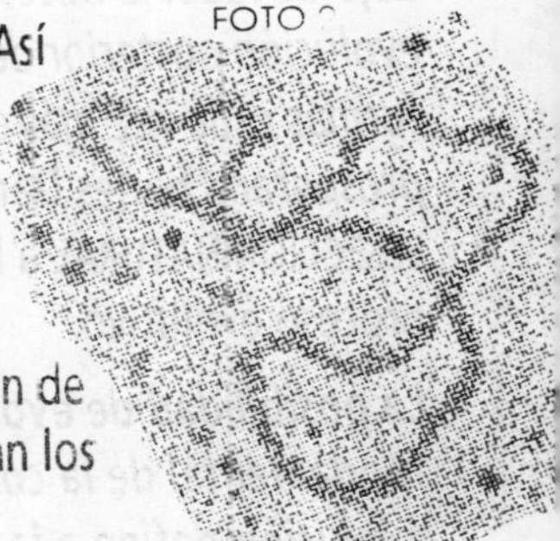

En la foto número 1 se observan coacervados. Estas estructuras fueron creadas artificialmente en experimentos de laboratorios para confirmar la posibilidad del desarrollo de las mismas y su capacidad para replicarse como lo predecía la teoría de Oparin. En la foto se observa un "coacervado madre" generando yemas "hijas".

En la foto número 2 se muestra una "molécula desnuda" que corresponde a una molécula de ADN sintetizada artificialmente y que es copia de la de un virus. Ambas fotografías se realizaron a través de un microscopio electrónico.

Experimentos realizados en laboratorio, tanto con moléculas desnudas como con coacervados no permiten descartar ninguna de las dos posibilidades: cuando se modifican las condiciones del medio, (como la temperatura o la acidez, por ejemplo) tanto unas como otras sufren modificaciones en su conformación química que les permiten adaptarse a esos cambios y sobrevivir.

De esta manera la polémica que se estableció hace casi 60 años sigue abierta. Es muy probable que ambas posibilidades y otras que desconocemos, hayan ocurrido a un mismo tiempo. La naturaleza ensaya muchas posibles combinaciones y sólo algunas de ellas llegan a prosperar.

Sin embargo, a pesar de estas diferencias de enfoque, hay un elemento principal que ninguno de los dos científicos dejó de lado: *la necesidad de que haya existido la evolución posterior de estos precursores de lo vivo hacia formas cada vez más eficientes que les permitieran prosperar.* Charles Darwin bautizó con el nombre de SELECCION NATURAL a los mecanismos responsables del proceso evolutivo.

La posibilidad de evolucionar parece ser un aspecto fundamental de la condición de la materia viva. Esta evolución define a la vida como un proceso histórico, hacia formas cada vez más aptas para sostener su organización ante la presión desorganizadora del ambiente agresivo e inestable donde se desarrollan.

A partir de éstas y otras teorías y de infinidad de experimentos, hoy estamos en condiciones de comprender mucho más a fondo los procesos biológicos y las bases físico-químicas de la vida, desde un punto de vista evolucionista.

La objeción más seria a esta concepción del origen de la vida fue sustentada en los años 60 precisamente por científicos evolucionistas. Estos investigadores sostenían que la probabilidad de que la vida surgiera por los mecanismos propuestos era muy pequeña aunque posible. Ellos pensaban que ésta había surgido en nuestro planeta en forma casual. Que se había dado una posibilidad entre miles de millones de posibilidades en contra. Algo así como sacar la lotería, aunque muchos de nosotros podamos pensar que no tan emocionante, dados los tiempos que corren.

Otros científicos, aún admitiendo los mecanismos evolutivos, creen que la única manera de explicar la aparición de materia orgánica o directamente de la vida sobre la Tierra, es que ésta haya venido desde el espacio traída por los cometas, que funcionarían como "sembradores" de las "semillas de la vida" en el Universo.

Esta explicación, no resuelve el problema principal que sigue siendo cómo se generaron esas "semillas" aquí o en cualquier otro lugar del Universo, sin recurrir a una "intervención divina". Por esta razón, estas ideas fueron rápidamente aprovechadas por los creacionistas ortodoxos para negar el mecanismo de la evolución como generador de la vida y volver a las ideas aristotélicas de un primer motor.

Hoy, sin embargo, la respuesta desde el campo de la mayoría de los evolucionistas es más satisfactoria. Se considera a la vida

como un *producto necesario y posible* del desarrollo de la materia y este desarrollo pudo haberse dado en infinidad de lugares en el Universo.

Lo que no es posible saber es qué caminos tomaría, cual sería la estructura química y el aspecto exterior de esas manifestaciones de vida ajenas a la Tierra.

El camino ascendente de la evolución

Si aceptamos que los organismos vivos surgieron hace aproximadamente 3.500 millones de años como producto de las condiciones que en ese momento imperaban en la Tierra, cabe preguntarse:

¿Cómo se produjo tamaña cantidad de seres vivos distintos, o dicho de otro modo, tanta diversidad de formas vivas?

¿Cómo surge la especie humana, capaz de explicar el Universo que le dio origen e incluso de transformarlo?

El primero que propuso una teoría que unificaba en *un solo mecanismo* la manera en que habían aparecido y multiplicado sobre la Tierra todos los seres vivos conocidos; plantas, animales y el propio ser humano, fue el naturalista inglés *Charles Darwin.*

Según la teoría de Darwin, el mundo viviente es producto de una historia y esa historia explica la presencia cada vez más intensa y dominante de lo orgánico sobre lo inorgánico.

En la época de Darwin, las teorías evolucionistas ya impregnaban el pensamiento científico. En particular en campos como la Astronomía y la Geología.

Incluso en la Biología se habían acumulado una gran cantidad de datos, debido a la observación de muchos naturalistas que apoyaban estas ideas.

Ya se intuía por tanto, que algunas especies animales o vegetales se habían producido a partir de lentas transformaciones de otras especies, algunas de las cuales existen en la actualidad mientras que otras se extinguieron. Cada tanto los paleontólogos encontraban restos fósiles de estas especies extinguidas. Pero aún no se había logrado avanzar en proponer un modelo, suficientemente argumentado que explicara esas observaciones.

Uno de los primeros mecanismos propuestos fue el del naturalista francés *Jean B. Lamarck*. Su teoría postulaba que el medio podía influir sobre los organismos provocando cambios en la estructura y/o función de determinados órganos. Además, una vez "adquiridos", estos cambios podían ser luego transmitidos a su descendencia y de esta forma hacerse permanentes en la especie. Por esta razón se conoce a esta teoría como ***teoría de la herencia de los caracteres adquiridos.***

Este mecanismo nunca pudo ser comprobado en la naturaleza, fallando todos los experimentos llevados a cabo para probarla. Dicen las malas lenguas que el pobre francesito fue víctima de grandes chanzas por parte de muchos colegas de su época debido a su evolucionismo "ingenuo". La frase que se le atribuye, "órgano que no se usa se atrofia" fue una de las predilectas para "gastarlo" al hombre.

Sin embargo fue uno de los primeros antecedentes del pensamiento evolutivo moderno que venía a retomar las ideas geniales de los griegos de la antigüedad.

El creacionismo entonces salía vencedor en estos debates ya que no existía una teoría alternativa convincente, que explicara mediante un proceso natural la gran variedad de especies vivas que se observaban.

Pero *la idea fundamental de Lamark era correcta en cuanto a que la variedad del mundo viviente se debía a cambios producidos en los organismos y a la capacidad de estos de transmitir dichos cambios de generación en generación.* La acumulación sucesiva de cambios pequeños o grandes a través de las generaciones, establecían diferencias cada vez mayores entre aquellos que fueron sufriendo estas modificaciones (o dicho de otra forma portadores del cambio) y los que no.

El problema era cómo y por qué se producían tales cambios. Por qué y de qué forma esos cambios eran transmitidos a los descendientes y, de esta manera, se fijaban como permanentes en la especie. Aquí aparece nuestro amigo Darwin que logró responder parcialmente a estos interrogantes.

La teoría de Darwin lleva el nombre de ***Teoría de la selección natural***, y sus conclusiones fueron publicadas en el año *1859* en el libro *"El Origen de las especies"*

Como producto de sus observaciones de la naturaleza, en particular las realizadas durante su viaje en el buque inglés "*Beagle*", que duró cinco años (1831 a 1836), Darwin se interesó en tratar de describir y explicar el origen de la gran variedad de plantas y animales que pueblan el planeta.

Es en recordación del paso de este buque por ese canal fueguino, con Darwin a bordo, la razón por la cual lleva el nombre de Canal de Beagle.

La teoría de la selección natural se apoya en una enorme cantidad de datos acumulados por él en sus observaciones. Básicamente esta teoría se puede sintetizar en dos postulados:

1- Entre un individuo y otro, ambos pertenecientes a una misma especie, existen pequeñas diferencias no existiendo dos individuos exactamente iguales. (¡Claro exceptuando a los gemelos idénticos!). De la acumulación de esas pequeñas diferencias que se van transmitiendo de una generación a otra, resultará la gran variabilidad que se observa en el mundo viviente.

2— El medio, al actuar sobre cada individuo, seleccionará a aquellos que poseen las características más aptas para sobrevivir en ese ambiente, e irá eliminando paulatinamente a aquellos que no la poseen, (si piensan en

Superman, Rambo u otro especimen animal parecido están totalmente equivocados).

El mecanismo principal por el cual se produce la eliminación de los menos aptos es la ***reproducción diferencial*** o, dicho de otro modo, una mayor o menor capacidad para dejar descendientes vivos. De esta forma se irán extendiendo las nuevas características (más adaptativas con respecto al medio) en detrimento de las anteriores.

Digamos que Darwin no tenía muy clarito cómo podía definirse a una especie. Hoy se define a una especie como a todos aquellos individuos que pueden aparearse entre sí y dejar descendencia fértil. Dicho de otra forma, pertenecen a una misma especie todos aquellos individuos entre los cuales no existe alguna barrera (física, genética o de comportamiento) que impida que se pueda establecer libremente un intercambio génico capaz de dar origen a otro ser también fértil.

GRABADO DEL SIGLO XIX
BURLANDOSE DE C. DARWIN

Tampoco había en la época de Darwin un modelo que permitiera comprender la causa por la que aparecían esas pequeñas diferencias entre individuos de un mismo tipo. Por no contar con otra explicación, Darwin—tibiamente— se inclinó por aceptar la tesis de Lamark y, demás está decir, que no se salvó de las "jodas" de sus colegas.

Casi en el mismo momento, sin que Darwin se enterara de ello y, además, sin ganar adeptos hasta casi 50 años después, un monje llamado *Gregorio Mendel,* daba en el clavo con este asunto.

Mendel es el descubridor de las ***leyes de la herencia,*** objeto de estudio de la GENETICA. A través de sus experimentos, se dio cuenta de que tenía que haber algunos factores capaces de ser transmitidos de generación en generación por medio de la reproducción y que eran los responsables de que se conservaran las características de cada especie animal o vegetal. Es decir que eran portadores de información acerca de dichas características y capaces de transmitirlas de padres a hijos.

La búsqueda de los *"factores mendelianos"* llevó largos años.

Hoy conocemos a estos factores como GENES. Sabemos que están contenidos dentro del núcleo de la célula, en una molécula llamada ADN, y que la información contenida en esta molécula dirige y controla toda la actividad celular.

Todas las características de cada organismo, sean o no observables a simple vista, están determinadas por la información química contenida en la molécula de ADN. *Esta forma de "archivar" y de transmitir a la descendencia la información biológica, es común a* ***todos*** *los seres vivos,* difiriendo unos de otros en el contenido de la información que posee su ADN, (aunque usted no lo crea).

Además se descubrió que los genes podían sufrir alteraciones. Como resultado de las mismas se producía entonces, un cambio en la información que se iba a transmitir.

Por lo tanto los cambios en LOS GENES eran los responsables de las

diferencias que se encontraban en la naturaleza entre individuos de una misma especie. *Si estos cambios eran lo suficientemente importantes, se podían formar especies distintas a partir de un tronco común tal cual lo postuló Darwin.*

Este cambio en la información genética recibe el nombre de MUTACIÓN y al portador de dicha mutación se lo denomina *mutante* (¡te sugiero olvidar a las tortugas Ninjas ya mismo!)

Este conocimiento refuerza la idea (y por qué no el hecho establecido) de que todos los seres vivos conocidos tienen antepasados comunes y son producto de una historia evolutiva común.

Los descubrimientos realizados en el campo de la Genética, la Biología Molecular y la Paleontología, permitieron ampliar la teoría darwiniana original y explicar en forma más completa y coherente los mecanismos de la evolución. Esta ampliación de la teoría evolucionista con el aporte de otras disciplinas de la Biología recibió el nombre de TEORIA SINTETICA DE LA EVOLUCION porque representa una síntesis entre los conocimientos de diversas disciplinas que permiten avanzar en la explicación del origen y desarrollo de la vida en la Tierra.

Trataremos a través de una pequeña historia, de explicar un poquito más los postulados evolucionistas actuales y compararlos con otras teorías.

Las mariposas del señor Gris

...Siempre el mismo camino. Todas la mañanas, tempranito, a las 6,00, un beso a Leticia y dale que te dale por la senda que cruza el bosque.

¡A las 7:30 fichar tarjeta y a laburar!

A las 16:00 vuelta a casa, el mismo bosque, la misma huella, beso a Leticia y a mirar un poco de T.V. hasta la hora de cenar. Será por eso que dejaron de llamarme Ernesto y ahora me llaman Gris.

Muchos me dicen por qué no me mudo al pueblo: que queda más cerca del laburo, que el cine está a la vuelta, bla... bla... bla... ¡El pueblo! Yo nací en "las afueras", en esta misma casita y me acostrumbré al gallinero, a sembrar maíz y todo eso.

Correteaba tanto por el bosque que llegué a conocerlo mejor que a la palma de mi mano. ¡No! ¡A mí nadie me mueve de acá!

Claro, después me casé, vinieron los chicos, la chacrita ya no daba ni para morfar y tuve que ir a laburar a la fábrica.

Me acuerdo como si fuera hoy. La fábrica, nuevecita, recién pintada, con sus altas chimeneas que eran de ladrillo rojo y ahora... ¡mírenla! toda gris y herrumbrada...como yo.

A mí me gusta caminar por el bosque. Y más en esta época del año, porque se llena de mariposas.

No son como las de antes pero, ¡mariposas al fin!

Porque las de antes eran...que sé yo, más blancas, hasta

parecían más grandes. Hablo de la época en que me llamaban Ernesto. *Y no había fábricas, ni tampoco existía la gran usina, con sus altas chimeneas que día y noche lanzan columnas de humo a un cielo cada vez más pálido.*

Saben, tengo una colección de hermosas mariposas. *Todas muy bien guardadas desde hace ya casi 50 años.*

Empecé a coleccionarlas a los 10 u 11 años. Las cazábamos con redes muy finas que hacíamos con las medias de seda de mi vieja. Poníamos tanto cuidado para no estropear sus alas que parecía que estábamos agarrando pompas de jabón.

Todavía los fines de semana voy con mi nietita, Lucía, a cazarlas. Es como una tradición familiar. ¿Qué curioso no? *En estos cincuenta años las mariposas fueron cambiando* poco a poco. Es como si el humo las fuera manchando. ¡Bah! eso digo yo aunque Ricardito, mi hijo mayor, me dio una larga explicación.

¡Es un bocho este Ricardito! Ya no vive con nosotros. Trabaja en la Universidad. ¡Quién lo diría!

Investiga sobre genética el pibe. Yo no sé bien de qué se trata pero parece que es muy importante.

Pero ¿saben porqué les cuento todo esto a ustedes? Porque Ricardo me pidió la colección de mariposas para estudiarlas en la facultad. Y a mí me entristece un poco desprenderme de ella.

No puedo negársela, por supuesto. *¡Mi inocente colección de mariposas tiene valor científico!* Aunque ustedes no me crean.

Él, Ricardo digo, tiene toda una teoría sobre

este asunto de los cambios en las mariposas.

Dice que *cuando yo era Ernesto las mariposas de este bosque eran blancas como la nieve.* ¡Mi colección lo demuestra!

A veces, una que otra salía pardita y ¡zas! un pajarito daba cuenta de ella fácilmente o nosotros las cazábamos como a un bicho raro. Ahora lo recuerdo, era como tener la figurita más difícil.

Su hermoso cuerpo marrón se distinguía perfectamente sobre la clara corteza de los árboles. En cambio a las blancas era jodido verlas. Sí, había que tener vista de águila para darse cuenta que estaban quietecitas sobre el tronco. Modestamente, eran mi especialidad. Pero parditas había pocas por aquí, y así fue por mucho tiempo. Hasta que las industrias fueron poniendo todo gris, hasta a los hombres. *Los árboles se fueron oscureciendo con el hollín que se pegaba a sus troncos.* Eso dice el Ricardo, porque lo que es yo, ni cuenta que me di. *Año tras año había más parditas.* Ya eran figurita repetida.

Si se fijan con atención en mi colección se ve claramente todo esto. Y bueno, *pasaron los años y cada vez era más fácil venir con la red llena de mariposas oscuras y de vez en cuando alguna blanquita* que para mí traían en sus alas recuerdos de juventud.

¡Adivinaron! *Ahora la vista de águila había que tenerla para cazar a las pardas, tanto se confundían con la corteza sucia de los árboles.* Mi nieta es especial para eso. Yo ya veo poco. Soy especialista en cazar blancas, como antes.

Parece que con los años me hice un poco pájaro.

Pero mejor voy embalando la colección porque ahí llegó Ricardito y no quiero que me vea tan bajoneado por una simple colección de mariposas.

—¡Viejooo!, ya llegué, ¿está lista la colección?

—Sí Ricardo, todo está listo. Hijo, si sacás el Oscar acordate de cuánto ayudó la manía de tu viejo.

—El Nobel papá, el Nobel. Si hasta tengo pensada la dedicatoria. Ya la estoy viendo en letras de molde:

A MI PADRE: ERNESTO GRIS
POR SU ABNEGADO TRABAJO DE CAMPO.
SU HIJO,
DOCTOR RICARDO GRIS

Y dale con las mariposas

Vamos a ensayar algunas posibles teorías que permitan explicar el cambio en el color de las mariposas de Don Ernesto:

Una que surge inmediatamente es la propuesta del mismo Don Ernesto. El creía que las mariposas se "teñían" con el hollín. A esta "teoría" no podemos considerarla como científica porque surge de una observación incorrecta. Además la simple operación de "lavado" sería suficiente para descartarla. ¡Y así lo hacemos!

Veamos otras:

¿Cuál sería la explicación que nos daría un LAMARQUIANO?

Probablemente nos explicaría que el cambio en el color de las mariposas se produjo porque el ambiente influyó en forma directa sobre el gen que determina el color. *Según esta visión, la presencia de humo y hollín en el aire generó el cambio de color en algunas mariposas que adquirieron así un nuevo carácter.*

Este nuevo carácter era más adaptativo que el anterior porque el ambiente de alguna manera influye sobre los organismos produciendo cambios que le confieren mejores posibilidades de vivir en él.

Esto significaría que el ambiente dirige activamente la evolución induciendo cada vez más cambios adaptativos en los organismos.

¿Y un CREACIONISTA?

Ponerse en la posición que tomaría un creacionista tradicional para explicar este cambio es bastante difícil.

El creacionismo se ha postulado en contra de la teoría de la evolución basándose en baches y debilidades que ésta sin duda tiene, pero no pudo proponer ningún otro mecanismo natural para explicar la diversidad de las formas vivientes.

Difícilmente podría explicarnos el cambio en el color de las mariposas del señor Gris.

Algunos creeyentes aceptan que la evolución existe y que la selección natural es el mecanismo por el cual probablemente se produce. Esta aceptación la hacen sin resignar su creencia de la existencia de un creador de todo lo existente, al menos en el principio de los tiempos.

Esta posición es mucho más coherente y respetable porque separa los dominios de la Fe de los de la ciencia y no pretende presentar como científicas teorías que desde ese punto de vista son insostenibles.

Como dijera el *Papa Juan Pablo II* en el discurso pronunciado ante la Academia Pontificia de Ciencias en octubre de 1981:

> *"Cualquier otra enseñanza sobre el origen y la formación del Universo es ajena a las intenciones de la Biblia, que no desea enseñar cómo se hizo el Cielo, sino cómo se va al Cielo."*

(En este caso se aplica eso de que no hay que ser más papista que el Papa.)

Y Ricardito ¿Qué nos diría?

El hijo de Don Ernesto es EVOLUCIONISTA y sostiene que hace por lo menos cincuenta años, el conjunto de las mariposas del bosque cercano a la casa paterna, eran en su mayoría blancas. Este color les era muy útil, ya que les permitía camuflarse perfectamente en la clara corteza de los árboles y dificultar así el ser cazadas por distintos predadores, entre los que se encontraba su padre.

El color blanco era una característica genética de las mariposas. Esto quiere decir que la información necesaria para ese color estaba contenida en los genes de la especie, lo cual significa que era transmitida de padres a hijos asegurando así la continuidad del carácter blanco para el color de las alas.

Según Ricardito, en algún momento que él ubica mucho antes que se desatara la "manía" cazadora de su padre , se habría modificado la información del gen responsable del color en alguna o algunas pocas mariposas. Las causas determinantes de dichas modificaciones en la constitución química de los genes aún no se lograron desentrañar y por eso se dice que son casuales. La nueva información contenida en los genes determinaba, por cuestiones del azar, que el color de las alas de las mariposas fuera más oscuro que el blanco original.

Pero... ¿Cómo se produce el cambio de color por una pequeña alteración en el ADN? Lo que ocurre es que la molécula de ADN dirige la síntesis (fabricación si lo prefieren) de infinidad de sustancias. Entre ellas la de aquellas responsables de que los seres vivos posean tal o cual color, sin excluir el color de nuestra propia piel, ojos, cabello, etc.

En este caso, un cambio en la molécula de ADN (mutación), significará una alteración química en la sustancia (llamada melanina), que da color a las alas de las mariposas .

Como esta nueva información afectó a óvulos y espermatozoides de las mariposas en cuestión, pudo ser transmitida a su descendencia, de suerte tal que desde allí en adelante, algunas mariposas nacerían parditas entre multitud de compañeras blancas. La cantidad de pardas se mantuvo baja por largo tiempo porque las pobres se destacaban sobre los troncos claros de los árboles y eran cazadas fácilmente.

Con la introducción de la industria, lentamente se fue modificando el ambiente. El hollín y el humo ensuciaron la corteza de los árboles, y estos se fueron oscureciendo.

En este nuevo ambiente las mariposas pardas tenían mayor

probabilidad de sobrevivir y dejar descendencia que las paliduchas.

Cada vez más mariposas blancas caían en redes y picos de sus predadores y cada vez más las oscuras zafaban, de suerte tal que en la población de mariposas el color oscuro se fue haciendo más y más común.

Las mariposas oscuras tenían más "éxito evolutivo" en el nuevo ambiente.

El cambio de coloración le permitió a esta población adaptarse a este ambiente y en ese sentido se dice que evolucionó. En síntesis, según la teoría que sostiene que el proceso de evolución se produce por el mecanismo de la selección natural, lo ocurrido fue que:

El cambio en el color se produjo por causas que no tienen que ver con cambios en el ambiente, sino que son independientes de él y de toda otra causa conocida o previsible.

El cambio se produjo al azar y determinó la existencia de más de un color en la población de mariposas.

En el momento en que se produjo dicho cambio, el nuevo carácter estaba en desventaja adaptativa respecto del original. Por lo tanto era seleccionado negativamente por el ambiente y sólo unas pocas mariposas que lo portaban llegaban a reproducirse. De esta manera su número en la población se mantenía bajo.

Al producirse un cambio en las condiciones ambientales, el nuevo carácter empezó a ser seleccionado positivamente y lentamente comenzó a imponerse sobre el color original. Podemos explicar así la aparición de una nueva variedad en las mariposas aunque, en el caso que se describe, el proceso de diferenciación no haya sido tan profundo como para constituir una nueva especie.

De la larva al hombre

La *Teoría evolucionista* ganó rápidamente adeptos. Tanto que hoy es la más extendida en el mundo científico, aunque por supuesto hay quienes no la aceptan.

Con la *Teoría de la evolución biológica* y la propuesta de la *Selección natural* como el mecanismo responsable del proceso evolutivo, ***se completó la visión del Universo según la cual no es necesaria la intervención de una fuerza sobrenatural para su formación y desarrollo***. En otras palabras que es posible encontrar una explicación científicamente fundamentada para todos los fenómenos que se observan en la naturaleza, incluyendo el surgimiento y desarrollo de la vida.

Porque Darwin no se quedó en la chiquita, incluyó al hombre entre los productos de la evolución de especies más primitivas a lo largo de los años. Él mismo escribía respecto al origen del hombre y en respuesta a las críticas furibundas de los que se sentían ofendidos por no ser descendientes de la obra más acabada de un creador sobre la Tierra:

> "[...] *los más antiguos progenitores del reino de los vertebrados a que podemos alcanzar confusamente, consistieron en un grupo de animales marinos, semejantes a las larvas de las*

actuales ascidias. Estos produjeron tal vez un grupo de peces como el anfioxo actual, este grupo produjo otros peces como la lepidosirena. De estos peces con un solo adelanto pasamos a los anfibios.

[...]los pájaros y reptiles han estado antes estrechamente unidos y los monotremas (el ornitorrinco para nosotros), *enlazan en la actualidad débilmente a los mamíferos con los reptiles[...]no es difícil concebir en la clase de mamíferos los grados que siguieron: los monotremas antiguos para pasar a los marsupiales antiguos* (el canguro actual es un marsupial), *y desde estos a los antecesores de los mamíferos placentados. Llegamos de esta manera a los lemúridos, a quienes sólo un breve intervalo separa de los simios.*
Estos se separan entonces en dos grandes ramas: monos del nuevo mundo (americanos) *y monos del viejo mundo* (asiáticos y africanos) *y desde estos últimos es en definitiva de donde en remotísima época provino el hombre, maravilla y gloria del Universo. A menos de cerrar voluntariamente los ojos, podemos reconocer, dado el estado actual de nuestros conocimientos, con bastante exactitud nuestro origen sin tener que avergonzarnos."*

Charles R. Darwin
Escrito en 1871

(Al final de este capítulo encontrarán un diagrama de lo que Darwin nos relata).

Es interesante que una tribu de aborígenes, los Vilelas, habitantes del Noroeste argentino, tienen una explicación evolucionista para el origen de su propia etnia. Según un relato recogido en 1923:

> *"En los tiempos primitivos, el padre y la madre grandes de los Vilelas vinieron del lado del agua muy grande que hay allá donde el sol se ahoga. Los dos (antes) andaban gateando (en cuatro pies); en aquella época, ya andaban erguidos y no tenían más cola, la que se les había caído"*
>
> *Lehman Nietzche*
> *LA ASTRONOMÍA DE LOS VILELAS.*

En nuestro país, dicho sea de paso, las ideas evolucionistas fueron rápidamente adoptadas por *Florentino Ameghino*, el pionero de la paleontología argentina. Su adhesión al Darwinismo lo hizo merecedor de las burlas y el desprecio de los "sabihondos" de la época. Pese a ello, no lograron amedrentarlo e intentó (a veces con éxito y otras sin él) buscar un lugar dentro de las ramas del árbol evolutivo a los importantes hallazgos fósiles que se hicieron gracias a su iniciativa científica.

Habiendo tomado posición sobre la cuestión de cómo pensamos que surgió y se desarrolló la vida sobre la Tierra, nos llegó la hora de imaginar cómo y dónde podría haber surgido en otras partes del Universo... ¡Allá vamos!

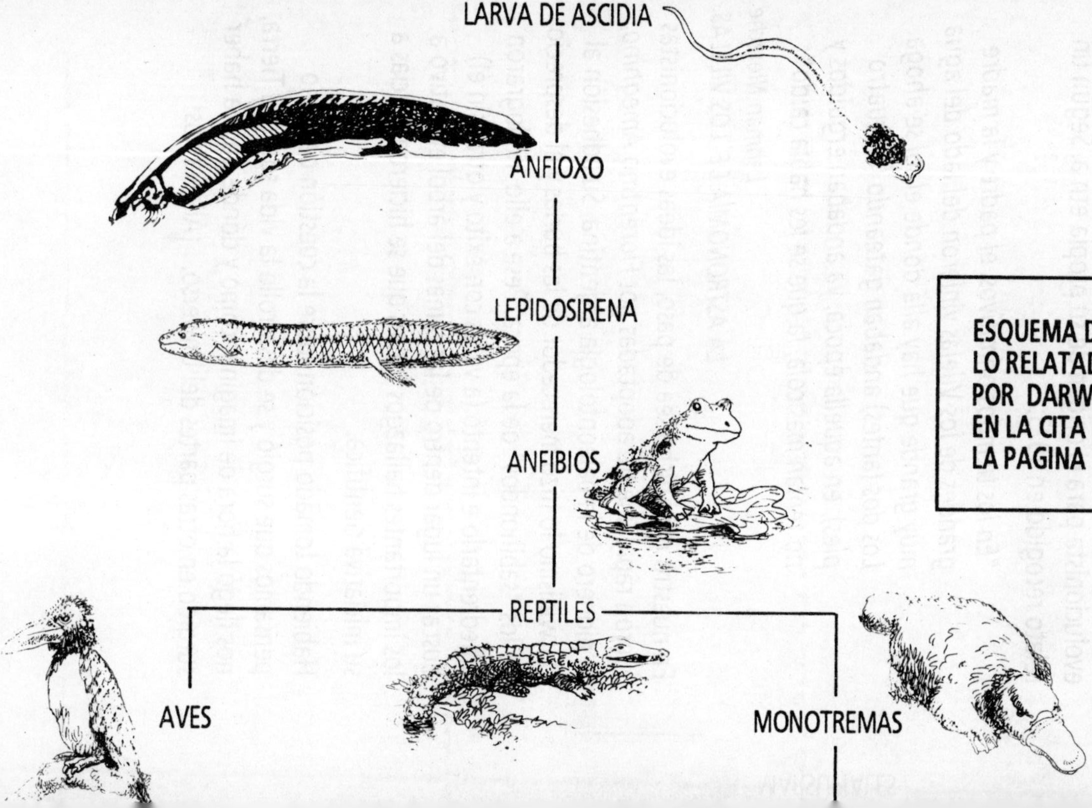

ESQUEMA DE
LO RELATADO
POR DARWIN
EN LA CITA DE
LA PAGINA 60

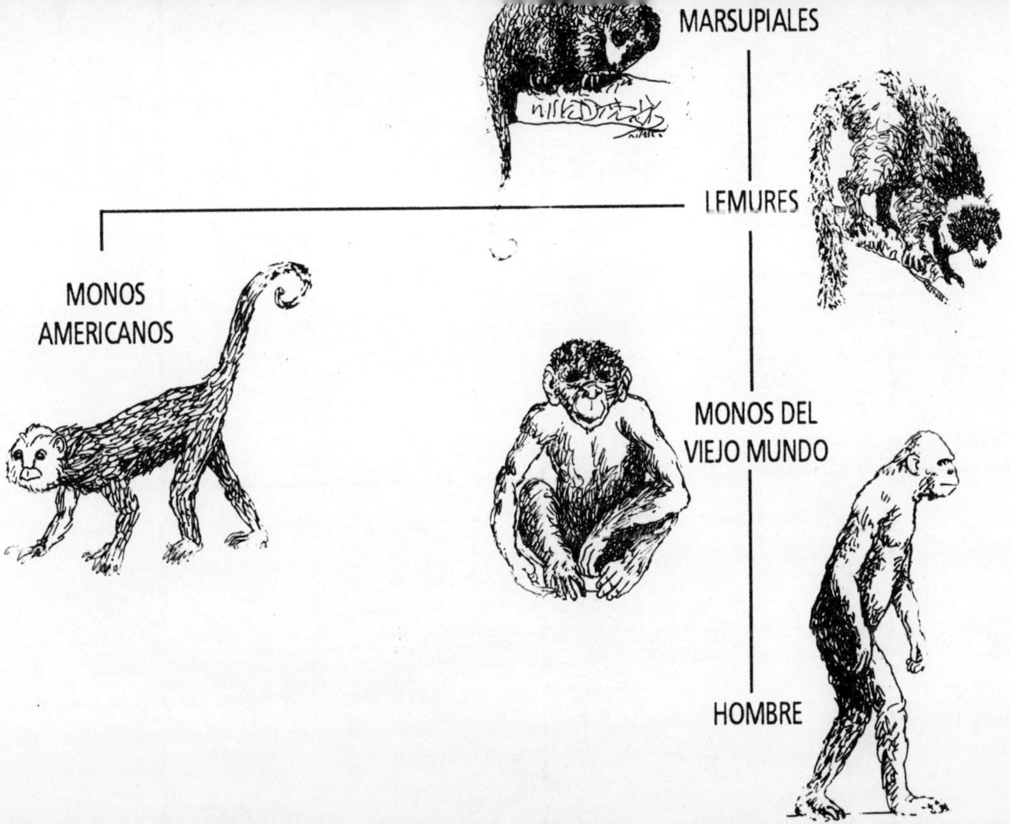
MARSUPIALES
LEMURES
MONOS
AMERICANOS
MONOS DEL
VIEJO MUNDO
HOMBRE

CAPITULO 3

VIDA EN EL UNIVERSO

Lex dura lex

Antiguamente se creía que los cuerpos celestes no estaban hechos de la misma "sustancia" que la Tierra, y que tampoco compartían el mismo origen.

De estas ideas se derivan otras no menos importantes. Al concebir al mundo celeste formado por "sustancias celestiales" totalmente distintas a las que conocemos, necesariamente los fenómenos que cotidianamente se observaban en la Tierra no podían tener lugar en el resto del Universo u ocurrían en forma diferente.

Por ejemplo, la atracción que el planeta ejerce sobre los cuerpos, no sólo era observada sino también experimentada todos los días. Y si no recuerden a los antiguos egipcios a quienes demandó grandes esfuerzos levantar los enormes bloques con los que construyeron sus pirámides. Sin embargo, no se concebía que esta fuerza fuera una propiedad que la Tierra comparte con cualquier otro cuerpo celeste.

A partir del momento en que se incorporó la idea de que la Tierra es un planeta más y el Sol una estrella más de las incontables que pueblan el Universo, muchos fenómenos, como la atracción gravitatoria, comenzaron a perder su carácter local para transformarse en universales.

Hoy sabemos que la gravitación y muchos otros fenómenos físicos y químicos están gobernados por leyes que valen para cualquier lugar del Universo conocido.

Con la biología no ocurre lo mismo y éste es el primer problema que enfrentamos cuando buscamos argumentos en favor de la existencia de vida en otros planetas.

El astrónomo argentino *Carlos Varsavsky* lo expresa de la siguiente manera:

> *"El análisis de los datos que hemos recogido sobre todos los objetos que hemos observado hasta el momento en el Universo nos indican que la física es realmente universal...pero en cambio,* ***la biología puede ser un fenómeno puramente local"***

Carlos Varsavsky
VIDA EN EL UNIVERSO

Los viajes interplanetarios son en última instancia, la confirmación de que conocemos lo suficientemente bien las leyes que gobiernan el Universo como para sobrevivir desplazándonos a través de él. Es cierto, todavía a tientas y sin alejarnos demasiado de nuestra cuna pero...algo es algo.

Sin embargo conocemos un solo tipo de vida, la terrestre. No podemos siquiera imaginar otra biología, totalmente diferente a la que estamos acostumbrados y de la que formamos parte.

Ni siquiera la ciencia ficción ha logrado describir seres imaginarios totalmente diferentes a los que conocemos. Por el momento estamos atados, en lo que a la vida se refiere, a una concepción geocéntrica.

Pese a estas limitaciones, la teoría evolutiva del origen y desarrollo de la vida en la Tierra permite buscar propiedades generales para definir el concepto de la vida más allá de las fronteras del propio planeta.

Vamos a tratar de definir cuáles podrían ser esas propiedades de la vida que se pueden considerar universales:

El PRIMER ELEMENTO que podemos considerar prácticamente seguro para evaluar si lo que está frente a nosotros posee las características de la vida, se refiere a los problemas de la *obtención de materia prima y de energía para sostener su constitución.*

Tomemos una de las formas de la materia inorgánica más organizadas como puede ser la de un cristal.

A simple vista o con ayuda de una lupa podemos observar su forma casi perfecta.

Para que se produjeran las reacciones químicas que llevaron

a su formación hicieron falta inversiones de materia y energía.

Una vez formado el cristal, su organización interna se mantendrá inalterada, siempre y cuando se logre que su estructura permanezca aislada del entorno.

En lo fundamental ya no habrá intercambio de materia y energía. Si acaso ésto ocurriera, el resultado esperado sería la desorganización de esa estructura.

A diferencia de la mayoría de los sistemas no biológicos, un organismo vivo intercambia con el entorno materia y energía en forma constante. *De esta forma garantiza la autoorganización y la posibilidad de desarrollar su actividad vital.* De la misma forma recibe constantemente información de las condiciones en que se encuentra el entorno, información que le sirve para organizar esa actividad vital.

Cuando nos referimos a actividad vital no pensamos solamente en aquellas que están asociadas a la actividad conciente que realizamos los humanos como correr, gritar, jugar o trabajar. Tampoco en cazar, defenderse, cuidar de las crías y otras que realizan los animales con los que estamos en contacto diario.

Pensamos muy simplemente en la posibilidad de reaccionar ante estímulos químicos o físicos que provienen del medio y afectan a los organismos.

Los organismos microscópicos muy simples, como las bacterias, aportan buenos ejemplos de reacciones primitivas ante el cambio en las condiciones del ambiente donde habitan.

Muchas bacterias al ser calentadas reaccionan desarrollando estructuras de protección, se encapsulan formando lo que se llaman esporas y vuelven a su actividad normal sólo cuando las condiciones exteriores se normalizan.

El SEGUNDO ELEMENTO es la capacidad de evolucionar.

Podemos decir que prácticamente en ningún lugar del Universo existen condiciones totalmente estables del medio físico y químico. Estas condiciones varían tanto a lo largo del tiempo como de un lugar a otro del espacio.

Para que una estructura tan compleja como la vida se desarrolle y mantenga su continuidad a lo largo del tiempo , es necesario que esté sujeta a mecanismos evolutivos que permitan su adaptación a las condiciones cambiantes del entorno donde habita.

Según vimos, en la Tierra este proceso de cambio adaptativo se da por el mecanismo de la selección natural que actúa como un filtro: de entre muchas variedades existentes sólo sobrevivirán aquellas que estén mejor adaptadas al medio.

No es posible predecir si este mecanismo es universal pero no es descabellado pensar que la capacidad de evolucionar lo sea.

Los buscavidas

Entre los biólogos, el debate desatado en la búsqueda de una descripción que pueda definir el fenómeno de la vida en cualquier forma que ésta se presente es muy antiguo. Sin embargo, como vimos, este debate adquiere mayor importancia cuando se trata de intentar reconocer vida extraterrestre (tan popularizada por las siglas E.T.), probablemente totalmente extraña a la que estamos acostumbrados.

En principio habría tres caminos para detectar vida exterior:

- El primero es la observación directa por medio de telescopios, cámaras montadas en vehículos espaciales o el testimonio de astronautas. La gran limitación de este método se debe a que no podríamos asegurar ser capaces de reconocer como vivas a las estructuras que observáramos.
- El segundo es detectar aquellos procesos que consideramos universales para las formas vivas. Es decir, que las muestras "bajo sospecha" de ser "material viviente" indiquen ser capaces de evolucionar y de intercambiar materia y energía con el entorno.
- El tercero, es la comunicación directa con inteligencias del espacio exterior. Este, por supuesto, es el que nos resulta el más apasionante.

Vamos a concentrarnos en el primero y segundo camino. (Espero que no se enojen, pero el tercero lo dejamos para más adelante).

Para cualquiera de estos caminos destinados a la búsqueda de vida exterior hay dos posibilidades: una, es trasladarnos nosotros hacia donde se hallan las "muestras" para analizarlas. Este es el dominio de los viajes interplanetarios. La otra, es que ellas se acerquen a nosotros, es decir que viniendo del espacio recalen en la superficie terrestre.

Como dice el viejo refrán: "Si la montaña no va a Mahoma, Mahoma irá a la montaña."

Mahoma va a la montaña

—Ese suelo rojo professore, ¿Qué es?
—No lo sé Sergio.
Cuando llegamos al suelo rojo vimos lo que era:
...¡Hierbas!...
Era una hierba color rojo púrpura. Dura, tupida y corta. Se podría creer que crecía directamente sobre las rocas...Muy emocionada, la doctora se puso de rodillas para mirarla de cerca.
—¿Se da cuenta professore? Esta hierba roja es la primera forma de vida que hallamos en Marte...
...y nosotros también nos emocionamos...

Y LOS MARCIANOS INVITARON A LOS HOMBRES
de F.Elby

"...es cierto que varias zonas en la superficie de Marte cambian periódicamente de coloración, por lo que se estima probable que haya vida en Marte..."
"Se atribuyen tales variaciones en el tono del color a cambios en la vegetación parecidos a los que en la Tierra ocurren en árboles y plantas en el curso de las estaciones."
"...dicha hipótesis de que en Marte existe, cuando menos, vida en un estado inferior, no es ni mucho menos descabellada."

Tomado de: ENCICLOPEDIA LABOR. TOMO I del año 1962

Se han diseñado experimentos para detectar procesos vitales en muestras de suelo y de la atmósfera obtenidas en los viajes interplanetarios.

La observación de mecanismos evolutivos puede ser un punto de partida muy importante para decidir si lo que se está investigando es un ser vivo, pero lamentablemente resulta poco práctico.

Según la experiencia terrestre la evolución biológica es un proceso muy lento. Ciertamente no nos consideramos tan pacientes como para registrar esos cambios durante cientos o miles de años. Claro que (como lo hizo Darwin), podríamos recurrir al análisis de muestras fósiles o hacer una clasificación comparativa de las distintas especies (si las hubiera) para descubrir la probable conexión evolutiva entre ellas, pero esto por ahora está fuera de nuestro alcance. Además, supondría ya una certeza de que el planeta está habitado por formas vivas. Es decir serían análisis posteriores al descubrimiento de su existencia.

Tendremos que conformarnos con experimentos destinados a evaluar si existen o no mecanismos de intercambio de materia y energía con el entorno por parte de la estructura bajo sospecha. Para realizar esto hay una condición y es que debemos "ponerle las manos encima" a la muestra.

La búsqueda de vida en otras partes del Universo se orientó desde un principio a cuerpos celestes cercanos a la Tierra. Por supuesto, la Luna fue el primero de todos debido a su vecindad con nuestro planeta y además constituye un punto de atracción irresistible para cualquier admirador o admiradora del cielo. (Más todavía si tienen la oportunidad de compartir esta excitante experiencia el uno con la otra).

Las dificultades de observación directa de cualquier planeta son infinitamente mayores que las que presenta la Luna. Algunos detalles de la superficie lunar hasta pueden ser observados sin necesidad de intrumento astronómico alguno.

Ya Anaxágoras suponía bien, que las manchas que se veían en la superficie lunar correspondían a las sombras que proyectan las elevaciones del terreno en su superficie. También creía que la Luna estaba habitada por seres dotados de inteligencia (aquí su suposición no fue tan buena, claro).

La búsqueda directa de vida fuera de la Tierra no nos fue posible a los terrícolas hasta que abordamos los primeros viajes espaciales.

La serie de estos viajes fue iniciada por soviéticos y norteamericanos en los años 60, (Un soviético llamado *Yury Gagarin* fue el primer tripulante humano de una nave espacial; antes se había lanzado al espacio a una perrita de nombre Laika también soviética). Después vinieron los descensos sobre la superficie lunar, algunos de ellos fueron misiones tripuladas y por primera vez el hombre —esta vez fue un norteamericano— posó su pie fuera del planeta.

Estos programas espaciales contemplaban la búsqueda de vida. Los primeros resultados de esta búsqueda descartaron la presencia de vida inteligente, de grandes animales o plantas. Infinidad de fotografías tomadas desde la Tierra y desde naves espaciales automáticas y tripuladas permitieron dar este primer paso.

Posteriormente, con los descensos se pudieron traer a la Tierra casi cuatrocientos kilos de rocas y polvo lunar. Sometidos a los análisis, permitieron descartar la presencia de los más mínimos vestigios de vida.

El siguiente objetivo fue Marte. Durante muchísimos años se hicieron especulaciones sobre la posibilidad de que en Marte hubiera florecido la vida.

Se conocía que el planeta poseía una atmósfera, se observaron sobre su superficie marcas en el terreno que a algunos científicos les sugería la presencia de obras de ingeniería hidráulica. También se observaban sugestivos cambios en la coloración del planeta con una periodicidad que parecía estar asociada a distintas estaciones del año marciano.

Entre los años 1971 y 1972 las sondas automáticas *mariner* 9 fotografiaron detalladamente la superficie marciana. Iban equipadas con cámaras que podían visualizar, sobre la superficie del planeta, detalles de tamaños no menores de 100 metros: suficiente para ver la traza de posibles ciudades, represas, canales de riego u otras obras de ingeniería.

No pudieron observarse ni ciudades ni tampoco monstruos, al menos cuya longitud superara los 100 metros.

Hoy sabemos que tanto los cambios de color como los "canales" son el producto de las rigurosas condiciones climáticas que imperan en Marte.

Fuertes vientos que desatan tormentas del rojo polvo marciano son las causas de los cambios de coloración y las propias naves peligraron en su descenso al ser afectadas por tales tormentas. A su vez los canales parecen ser lechos secos de antiguos ríos que recorrían la superficie del planeta hace millones de años.

Si hoy existen reservas de agua en Marte, están en los hielos acumulados en los polos del planeta.

Sin embargo persistió la duda sobre si podía haber otras formas de vida menos voluminosas, pero no por ello menos interesantes.

En julio y agosto de 1976 los vehículos "Vicking 1" y "Vicking 2" se posaron sobre la superficie marciana, y sus laboratorios ambulantes recogieron muestras de suelo y las sometieron a análisis bioquímicos destinados a detectar consumo o producción de sustancias y de energía por parte de hipotéticos microorganismos que habitaran en las arenas marcianas.

Los resultados de *los experimentos desarrollados en Marte* son *confusos: no descartan* totalmente *(ni confirman)* la posibilidad de procesos vitales y siguen siendo analizados.

De todas maneras, estos análisis adolecen de algunas limitaciones bastante importantes: por una parte las pruebas químicas fueron diseñadas para detectar formas de vida que tuvieran una química igual a la terrestre; por la otra, sólo se llegó a cubrir con estas pruebas una mínima porción del planeta (algo así como la millonésima parte).

Diseñar pruebas de laboratorio distintas es, por ahora, sencillamente imposible dado que no concebimos una química de la vida basada en otros elementos que no sean los que dominan la vida en la Tierra ni, más en general, otra biología que no sea la terrestre. (¿Como se le llamará a esto? ¿Visión biocéntrica?).

Salvo Marte, ningún otro planeta o satélite de planeta fue sometido aún a ensayos bioquímicos. Se conocen sin embargo las características atmosféricas, geológicas y meteorológicas de buena parte del sistema solar. En algunos casos esas características permiten —en principio— descartar la existencia de formas desarrolladas de vida, y en algunos otros, de cualquier otra manifestación de ella.

Uno de los satélites de Saturno, llamado Titán, es de gran interés para la exobiología. Se descubrió la presencia de gran cantidad de sustancia orgánica en sus nubes y se cree que también deben estar presentes en la superficie sólida del planeta. Los datos geológicos y atmosféricos de Titán permiten suponer que se encuentra en condiciones similares a las que tenía la Tierra cuando surgieron las primeras formas de vida. En síntesis, todavía estamos en los albores de la exobiología. No podemos descartar totalmente ni tampoco asegurar que, en otros vecinos del sistema estelar al cual pertenecemos, la vida haya evolucionado. Todavía hay mucho por investigar.

Una cosa sí es cierta: *los resultados de la exploración realizada hasta el momento sobre el sistema solar han logrado destruir los postulados de la ciencia ficción que estaban en boga hasta hace menos de treinta años atrás.*

Para la ciencia ficción, el propio Sistema Solar era fuente de inspiración para visitas e invasiones de inteligentes y poderosos E.T.

Tal vez con un poco de humor y otro poco de dolor el divulgador científico y famoso escritor de ciencia ficción, se quejaba:

> *"...en aquella época, el sistema solar estaba poblado por razas misteriosas, bellas princesas, bestias y monstruos terribles y hasta plantas inteligentes, de carácter mortal...*

"Era un sistema solar como jamás veremos...al que la ciencia arruinó".

Isaac Asimov
¿HAY ALGUIEN AHI?

(¡Pobre Asimov, Bradbury y tantos otros! Decenas de años poblando planetas con su imaginación y ahora les vienen a hacer esto. Realmente no hay derecho. No obstante nosotros seguimos gozando con sus fantásticos relatos.)

Pese a haberse esfumado el maravilloso sueño de tener vecinos tan cercanos a los cuales preguntarles y responderles tantas cosas interesantes, la búsqueda continúa...

La montaña viene a Mahoma

Es cierto, a veces no hay necesidad de moverse demasiado lejos de nuestro terruño para investigar la composición y los materiales de otros mundos.

Por ahora vamos a dejar de lado los relatos de descenso de naves provenientes del espacio exterior y vamos a concentrarnos en aquello cuya existencia y posibilidades de observación están suficientemente probadas.

Cada tanto, ingresan a la atmósfera terrestre fragmentos

de materia venidos desde el espacio y algunos de ellos llegan al suelo.

A estos fragmentos los conocemos con el nombre de METEORITOS y pueden resultar de gran ayuda para investigar la posibilidad de vida fuera de la Tierra.

Hay dos tipos básicos de meteoritos; aquellos formados casi totalmente por metales (como hierro y niquel) y los que están constituidos por rocas no metálicas.

Estos últimos son los que tienen mayor interés para la búsqueda de vestigios de vida y se denominan METEORITOS CARBONOSOS.

Por lo menos dos meteoritos de este tipo, bastante famosos, fueron estudiados a fondo para buscar en ellos esos probables vestigios.

Se trata del llamado meteorito de Orgueil que cayó hace casi un siglo cerca de una ciudad francesa del mismo nombre, y el de Murchisson que fue hallado al poco tiempo de precipitarse a Tierra en 1969.

Tanto en uno como en otro se detectó la presencia de materia de tipo orgánico, la misma que forma parte de todos los seres vivos conocidos. Estos hallazgos permitieron especular con que fueran restos de sistemas biológicos provenientes de algún lugar del espacio y por lo tanto este material fue analizado exhaustivamente con las técnicas más modernas para descartar o confirmar esa posibilidad.

Si los estudios de estos visitantes del espacio se hubieran efectuado en la época en que se pensaba que la materia orgánica era componente exclusivo de los seres vivos, hubiésemos pensado que era una prueba irrefutable de la existencia de vida en otros mundos.

De todas maneras, algunos científicos creen ver en las estructuras halladas en los meteoritos un origen biológico. Se basan en que las formas que adopta este material se parecen exteriormente a fósiles de bacterias y hongos descubiertos en la Tierra.

La mayoría de los biólogos, posiblemente más acostumbrados a ver formas del mundo inanimado que pueden ser confundidas con bastante facilidad con formas vivas, no concuerdan con esta apreciación.

El estudio bioquímico detallado de esta materia orgánica contenida en meteoritos permite prácticamente descartar la posibilidad de que se trate de restos de materia viva.

Uno de los criterios que se utilizan para clasificar a una sustancia orgánica como producida o no por organismos vivos se refiere a la estructura interna de las moléculas de dicha sustancia.

Louis Pasteur, descubrió allá por 1848 que cuando se hace incidir un haz de luz polarizada (se puede obtener haciendo pasar un haz de luz por un filtro llamado Polaroid), sobre una sustancia orgánica, este haz muestra un comportamiento diferente luego de iluminar la muestra, dependiendo del tipo de molécula orgánica que se estuviera analizando.

Este comportamiento diferente se relaciona directamente con la estructura de la sustancia que se trate.

Según este comportamiento, las moléculas orgánicas se

clasifican en DEXTROGIRAS o LEVOGIRAS. Así existen, por ejemplo, dos formas en las cuales puede presentarse la glucosa: la Dextroglucosa o la Levoglucosa (resumidamente D-glucosa o L-glucosa).

Pero esto no es todo, resulta que *aquellas sustancias producidas* (sintetizadas) *por seres vivos son siempre de la forma Dextrógira y aquellas que provienen de síntesis no biológicas se presentan como una mezcla donde las formas D y L se encuentran en partes iguales.* En el caso particular de los restos orgánicos que componen los meteoritos, siempre las moléculas se hallan presentes en mezclas de este tipo.

Aunque a primera vista el descubrimiento puede resultarnos frustrante, su importancia no es desdeñable.

Es un dato más en favor de la validez universal de la teoría que predice que la materia orgánica es producto de la evolución de la materia inorgánica.

Esta teoría, que fue elaborada para explicar la forma en que pueden haber surgido los seres vivos en remotas épocas del pasado terrestre, puede aplicarse al Universo en su conjunto y es un buen punto de partida para generalizar la teoría de la evolución biológica.

El tercer camino

Cuando los habitantes de Europa del siglo XV pensaron que podía haber nuevas y ricas tierras donde sentar sus reales posaderas, no se les ocurrió otro camino que enviar barcos tripulados en su búsqueda.

Es obvio que el envío de naves espaciales es la forma más directa de establecer comunicación con civilizaciones extraterrestres, si éstas existieran.

Sin embargo, con la tecnología alcanzada hasta el momento, se nos hace imposible pensar que éste sea un buen camino a intentar: los costos de una misión como ésta serían fabulosos. No sabríamos hacia dónde emprender la búsqueda y, lo que es más importante, a las velocidades con que somos capaces de movernos actualmente, es probablemente que tardásemos millones de años en lograr algún resultado.

Por lo tanto, nos vemos obligados a buscar otros caminos más prácticos para intentar la comunicación. Vamos a recorrer un poco la historia de este asunto y a describir algunas de las formas por las cuales se intentan estrechar lazos amistosos con posibles vecinos cósmicos.

En los años cincuenta se comenzó a tomar en serio la posibilidad de la existencia de inteligencias extraterrestres. A partir de los testimonios de ocasionales "avistadores de OVNI", algunos gobiernos de países desarrollados ordenaron a sus fuerzas de seguridad investigaciones dirigidas a confirmar o a descartar esas visitas. Tenían previsto que en caso de confirmar su existencia, debía tratarse de tomar contacto, averiguar sus intenciones y, si resultaban agresivos, prepararse para su destrucción.

Eran años de posguerra. La humanidad estaba recelosa, curándose de las cicatrices que había dejado la mayor matanza de la historia.

La industria bélica se había desarrollado hasta niveles apenas soñados hasta entonces, produciendo una enorme cantidad de adelantos tecnológicos:

- Radares que vigilaban constantemente el espacio aéreo.
- Sistemas de radiocomunicación capaces de enlazar puntos de la Tierra muy distantes entre sí.
- Manejo de la tecnología nuclear, cuyo poder destructivo fue salvajemente probado hacia el fin de la guerra en las ciudades japonesas de Hiroshima y Nagasaki.
- Inicio del desarrollo de la cohetería espacial.

Para colmo todo indicaba que la humanidad se preparaba para una nueva carnicería, esta vez entre los Estados Unidos y la Unión Soviética. A ese estado prebélico se le dio el nombre de "Guerra Fría".

Tal vez las misiones secretas de vigilancia aérea para detectar la presencia de OVNI y la preparación de los mecanismos de defensa y ataque ante eventuales invasiones extraterrestres no hayan sido más que una excusa para mejorar los sistemas de detección y puesta a punto del armamento propio, en el marco de la Guerra Fría...

Tampoco debemos descartar que se temiera que los OVNI fueran una nueva arma secreta desarrollada por enemigos más terrenales que lo que se estaba dispuesto a admitir.

De todas maneras no pudo comprobarse la existencia ni de OVNI ni de ninguna otra terrible amenaza proveniente del espacio. Sin embargo se fue afirmando la idea de que era técnicamente posible y valía la pena intentar una comunicación con civilizaciones de otros mundos.

En 1959 y 1960 Estados Unidos encaró el proyecto *OZMA*, destinado a intentar la recepción de posibles mensajes que llegaran desde el cosmos.

Las antenas fueron orientadas a dos estrellas denominadas con los hermosos nombres de *Epsilon Eridani* y *Tau Ceti*. Se suponía que estas estrellas podían tener sistemas planetarios.

No se obtuvieron resultados positivos ni en esa oportunidad, ni en los intentos posteriores; hasta el momento persiste el "silencio de radio" pese a que se disponen de estaciones de "escucha" mucho más poderosas que las de hace 30 años atrás.

En los años 60 no existía la tecnología capaz de enviar un mensaje a las estrellas y había que conformarse con esperar pacientemente que "alguien" intentara comunicarse con nosotros.

En 1974 se produjo el primer envío de un mensaje hacia el espacio. Hace ya 15 años.

Este envío fue realizado desde el Observatorio Radioastronómico de *Arecibo* (Puerto Rico). Esta vez las antenas fueron orientadas a un cúmulo de estrellas llamado M13 que se calcula está compuesto por un millón de miembros.

M13 se encuentra a *24.000 años luz* de la Tierra. Esto significa que viajando a la velocidad de la luz (unos 300.000 kilómetros por segundo), se tardarían 24.000 años en llegar allí.

Por suerte las ondas de radio viajan a esa tremenda velocidad y en unos 23.985 años nuestro mensaje estará llegando a M13 ¡Qué tal! ¡Claro! si por fortuna "alguien" logra detectar nuestra señal, descifrarla y cree que vale la pena enviar una respuesta, en el año 49.976 la tendremos en casa. ¡Será emocionante! Yo no veo la hora de que llegue ese momento. ¿Y ustedes?

En 1977 la agencia aeroespacial norteamericana NASA, puso a punto y envió al espacio las naves de la serie *Voyager* que encararon un nuevo desafío para la técnica espacial. Estos artefactos, no sólo han recorrido ya gran parte del Sistema Solar estudiando las características de los planetas, sino que en septiembre de 1990 el Voyager II abandonó nuestro sistema continuando su viaje hacia las estrellas. Y aún está previsto que siga enviando datos hasta el 2020.

Esta nave es portadora de un mensaje constituído entre otras cosas, por referencias que indican el lugar del Universo desde donde partió, dibujos de figuras humanas, miles de fotos de aspectos de la vida en la Tierra y las costumbres de los humanos y un disco con grabaciones de músicas y saludos en todos los idiomas y dialectos.

Este mensaje es otro intento de comunicación con civilizaciones E.T. que se supone alcanzaron el desarrollo tecnológico suficiente para recuperar la Voyager y descifrar el contenido del mensaje.

La probabilidad de que la nave sea recogida con el mensaje

a bordo es infinitamente menor a que lo sea una botella arrojada al océano por un naúfrago como último recurso para ser rescatado. Pero tal vez represente la misma esperanza. Y en eso consista su valor.

Las buenas ondas

Todos oímos hablar alguna vez sobre el hecho de que la Tierra, como todos los planetas y satélites de planetas, no brilla con luz propia sino que refleja la luz solar.

Gracias a ello podemos divisar en el firmamento tanto a la Luna como a los planetas.

Pero lo que llamamos luz es sólo una porción de la energía que se propaga en forma de ***ondas electromagnéticas.*** El ojo es el órgano con el cual podemos detectar estas ondas y a la capacidad de hacerlo la llamamos visión.

Pero además de la luz visible, existen otros tipos de ondas electromagnéticas (luz ultravioleta, infrarroja, ondas de radio, microondas, rayos X, etc.) que nuestros órganos sensoriales son incapaces de detectar tan fácilmente como la luz visible. Por lo tanto no nos aportan información del medio que nos rodea aunque nuestro organismo sufra sus efectos, muchas veces nocivos para la salud (como es el caso de la radiación ultravioleta que puede producir tumores en la piel o afectar la visión). Para lograr percibir la presencia de estas ondas, estamos obligados a construir detectores adecuados.

El ejemplo más cotidiano es tal vez la T.V. donde radiaciones electromagnéticas correspondientes a las ondas de radio son transformadas por el televisor (que posee detectores adecuados para ese fin) en ondas de luz y sonido para que podamos ver y oír el programa que se transmite.

No podemos asegurar que en otros mundos, otras formas de vida no posean órganos sensoriales capaces de recibir en forma directa, sin necesidad de ingenio técnico alguno, las ondas de radio u otro tipo de radiación electromagnética.

Si este fuera el caso, para estos seres el concepto de "brillo" podría ser ligeramente distinto al nuestro. Para ellos brillaría un planeta o estrella que emita (por ejemplo) ondas de radio. Y ése es el caso de la Tierra.

Para ellos la Tierra sería un astro particularmente brillante debido a la masividad del uso de ondas de radio para las comunicaciones en los últimos 50 años. Una parte de éstas escapan hacia el espacio determinando una intensidad de brillo de magnitud considerable.

Podemos suponer que hasta el momento, sólo un planeta con una civilización que posea un desarrollo tecnológico comparable con el nuestro sería capaz de brillar de esa forma.

Esto introduce una nueva forma de indicar que nuestro planeta está habitado por seres inteligentes, en este caso la señal que enviamos es involuntaria pero no por eso menos importante.

Si nuestros potenciales observadores no poseyeran órganos capaces de percibir tal brillo o, como suponemos, estuvieran demasiado lejos para percibirlo, todavía podríamos pensar que como nosotros, pudieron instalar sobre la superficie de su planeta grandes antenas enfocadas al espacio en busca de comunicación con otros habitantes inteligentes del cosmos. Yo por lo menos, espero que sean incapaces de captar y entender nuestras emisiones de televisión: la decepción podría ser tal que podrían tomar la decisión de no comunicarse jamás con seres tan mediocremente dotados de imaginación.

Dime de qué planeta vienes y te diré cómo eres

Según cuentan, antes del descubrimiento de América, la mayoría de los habitantes de Europa no concebían la posibilidad de que hubiera otras tierras más allá de las que conocían. Mucho menos que estuvieran habitadas por seres "normales"; en la imaginación popular sólo horribles y peligrosos monstruos podían ser capaces de pulular por estos inhóspitos parajes.

Podemos decir que imaginar qué cosas habría en los confines de la parte conocida, hasta ese momento, del planeta constituía la ciencia ficción de la época. Las malas lenguas dicen que mucho antes que *Colón*, otras civilizaciones del Oriente llegaron a estas costas sin calentarse mucho por tomar posesión de ellas. El "chivo"

habría llegado a oídos del piola de Cristóbal que vendió a buen precio su producto a los Reyes Católicos.

De todos modos el "descubrimiento" de lo que se dio en llamar el Nuevo Mundo, tuvo un gran impacto en la sociedad del viejo mundo y más rápido que corriendo se dedicaron a colonizar y a esclavizar a los "salvajes" de por aquí.

Dato más o dato menos la búsqueda no se inició al azar. Se sabía que si esos continentes desconocidos existían, debían estar ubicados más allá de los límites conocidos del planeta en aquel entonces, y hacia allí fueron dirigidas las proas de sus embarcaciones.

En ese sentido, la búsqueda actual de otros mundos habitados se encuentra con muchas más dificultades que aquellas con que tropezaron los conquistadores del siglo XV. Hoy no sabemos con claridad hacia dónde dirigir ni las ondas de radio ni las naves espaciales para tener éxito en la empresa.

Tanto la selección de los puntos del espacio que son barridos por las antenas para detectar posibles mensajes enviados de otros mundos que imaginamos podrían existir, como la selección de los "blancos" de los mensajes que nosotros enviamos son elecciones bastante ***azarosas.***
(Mucho peor que ponerle la cola al chancho)

Se considera que la vida, si existe, debe estar asentada sobre un planeta o satélite de un planeta. Lamentablemente, hasta el momento no tuvieron éxito ninguno los esfuerzos que se vienen haciendo para observar un planeta fuera del sistema solar. En octubre de 1991, los medios periodísticos reportan el hallazgo por parte de los astrónomos de un *pulsar* que se cree podría tener un planeta a su alrededor. Lamentablemente, en 1992 ya se sabe que este "hallazgo" se debió a un error en las observaciones.

Pero los astrónomos y exobiólogos tratan de imaginar cómo sería aquel astro capaz de tener un sistema planetario en donde haya surgido y evolucionado la vida, y ¡oh casualidad! *se inclinan por pensar en que una estrella muy parecida al Sol y un planeta muy parecido a la Tierra son los que ofrecerían mayores posibilidades.*

Hacia allí se enfocan antenas y ojos y tal vez algun día sean enviadas naves espaciales. Y es que en el fondo pareciera existir la esperanza de encontrar un planeta casi "mellizo" de la Tierra, que gire alrededor de una estrella muy parecida al Sol y donde los seres que lo habiten sean el producto del mismo proceso evolutivo que nos dio origen. En este caso serían algo así como nuestros hermanos cósmicos...pie más o pie menos.

(Al fin y al cabo... ¡La ciencia ficción no se rinde!)

La imaginación al poder

Mi hijo Daniel tiene 10 años y como todos los chicos de su edad, una gran imaginación.

Un día le pedí que dibujara cómo se imaginaba que sería un E.T.. Hizo un humanoide de grandes orejas, un solo ojo, una gran nariz y otras características producto de una

mezcla de su imaginación y los E.T. con que nos bombardean los estudios cinematográficos. Tramposamente le pregunté por qué su "alien" era poseedor de un solo ojo y tenía orejas tan grandes; constestó sin vacilar que "en su planeta hay mucho que oír y poco para ver".La adaptación de los seres vivos a su ambiente no es un secreto para Daniel. Seguramente cuando crezca será evolucionista...como su papá.

Fisonomía de un terrícola

Hoy es el día 10 de mayo del año 3207.

Lo que sigue es la desgrabación de un disco recogido por nuestra sonda automática Colombus en la superficie de un alejado, frío y desolado planeta que gira en torno de una estrella a punto de extinguirse. La traducción del material nos llevó largos años y hoy estamos en condiciones de ponerla a disposición del público. Este es su contenido:

Hoy es el "DIA D".

Nuestra nave no tripulada 1020 de la serie Bios ha regresado de su largo viaje hacia los brazos exteriores de la Galaxia. Sus computadoras fueron programadas para seguir precisas instrucciones; debía descender en un número grande de planetas de esa zona del espiral galáctico para cumplir con el objetivo principal de la misión: la búsqueda de vida.

La serie Bios nos dio grandes satisfacciones ya que gracias a este proyecto pudimos contactarnos con seres inteligentes de casi 40 planetas vecinos al nuestro. Logramos establecer un intercambio de conocimientos que nos permitió avanzar mutuamente en muy pocos milenios. De haberlo hecho solos nos hubiera costado millones de años, o tal vez no lo habríamos hecho jamás.

Hoy nuestro equipo tiene y siente una gran responsabilidad, porque después de tantos años, la 1020 regresó con muestras de seres provenientes de un sistema estelar distanciado de nosotros casi 30.000 años luz.

Nunca habíamos podido acceder a explorar zonas tan alejadas del centro galáctico.

Nuestra esperanza de encontrar vida a tales distancias era muy pequeña, considerábamos demasiado jóvenes a las estrellas de dicha zona de la Galaxia como para que en algunos de sus planetas hubiera evolucionado la vida.

Damos lectura a la ficha técnica del planeta tal cual figura en los registros de la información enviada por la 1020.

MISION: BIOS 322 **NAVE A CARGO: 1020**

CARACTERISTICAS DE LA ESTRELLA DEL SISTEMA	
NOMBRE ASIGNADO	TURB S C-5
COLOR	AMARILLO
TEMPERATURA INTERIOR	15.000.000 DE GRADOS
TEMPERATURA EXTERIOR	6.000 GRADOS CENTIGRADOS
EDAD CALCULADA	5.000 MILLONES DE AÑOS
PLANETAS DEL SISTEMA	NUEVE
TIEMPO DE VIDA RESTANTE	5.000 MILLONES DE AÑOS

CARACTERISTICAS DEL PLANETA DE INTERES BIOLOGICO	
NOMBRE ASIGADO	III - T
COLOR	AZUL
POSICIÓN RESPECTO DE LA ESTRELLA	TERCERO
TAMAÑO	12.000 KM DE DIAMETRO
ESTADO	SOLIDO
MUESTRAS VIVAS RECOGIDAS	TRES

NOTA: debido a las averías en los sistemas de medición producidas en el descenso no se registraron temperatura, composición de la atmósfera y valor de la atracción gravitatoria.

A los seres que habitan en III-T les quedan unos 5.000 millones de años de existencia, hasta que su estrella sea incapaz de producir la energía necesaria para la subsistencia. Eso es mucho tiempo, casi el triple de la vida que le resta a nuestra vieja y fría estrella roja.

Estos datos refuerzan nuestra opinión acerca de su juventud y por lo tanto sobre la baja probabilidad de que existan formas de vida muy desarrolladas. Cuando nuestro planeta se encontraba en el estadio geológico en el que se halla III-T, nuestros antepasados apenas habían logrado establecer una pequeña colonia permanente con fines de investigación en Antris, nuestro satélite natural. Aún hoy nuestros arqueólogos encuentran allí restos de sus anticuadas naves y nos sorprendemos de cómo se aventuraron al espacio con artefactos tan primitivos.

Debido a las averías en los instrumentos de medición instalados en la 1020, tendremos que deducir las características geofísicas de III-T a partir del análisis de las muestras vivas y esperar muchísimo tiempo hasta que la 1021 nos envíe datos más confiables. De todas maneras enfrentamos un problema más grave aún: sólo hay 3 muestras, cada una de ellas de una especie distinta. Si alguna no resiste la descongelación, u ocurre otro accidente, no podremos decir casi nada de ella. No se nos ha comunicado la razón por la cual no se cumplieron nuestras especificaciones de traer un número más grande de cada ejemplar.

Cuando pudimos acceder a las muestras contenidas en las máquinas de vida suspendida, decidimos hacer una observación lo más detallada posible de su aspecto exterior sin descongelarlas. Nuestro temor era que al hacerlo se desintegraran ante nuestro propio ojo.

Comenzamos por realizar una descripción anatómica de los especímenes y comparar sus estructuras con las nuestras para tratar de deducir su función.

DESCRIPCION DE LA MUESTRA NUMERO UNO: Cuerpo muy pequeño de aproximadamente un metro con cincuenta centímetros, cubierto totalmente por pelos de color marrón oscuro.

Se puede diferenciar en la parte superior del cuerpo una estructura muy similar a nuestra cabeza con dos órganos que podríamos considerar especializados para la visión, aunque se parecen poco a nuestro ojo ya que carecen de pedicelo móvil. Probablemente por esa razón este órgano se encuentra duplicado en estos especímenes.

Debajo de estos "ojos", se observa una saliencia similar a nuestra nariz pero sin biofiltradores y de tamaño muchísimo más reducido.

A los lados de la cabeza se ven dos prominencias que podrían ser análogas a nuestras pantallas telepáticas, debido a su ubicación y forma. Su tamaño es ridículamente pequeño en relación con nuestros grandes y desarrollados órganos telépato-auditivos, y pensamos que tal vez no cumplen la misma función.

Debajo de la "nariz" hay una abertura grande provista en su interior de unos pedículos blancos y de aspecto duro. Alguno de nosotros sugirió que esa abertura podía servir para expulsar los desechos corporales como ocurre con el pequeño orificio que tenemos casi en esa posición y que llamamos ano.

Su desarrollo pectoral es de poca envergadura y de sus laterales salen cuatro escuálidos miembros; los dos anteriores terminados en unas palas con cinco extensiones tubulares y gruesas que pensamos podrían ser consideradas dedos, aunque son muy cortos y están desprovistos de ventosas.

Los dos miembros posteriores también terminan en pala con cinco extensiones mas cortas aún y aparentemente sin tanta movilidad como las anteriores.

Donde termina la parte dorsal del cuerpo nos llamó la atención una larga y delgada extensión, totalmente cubierta de pelo como el resto del cuerpo y de la cual no pudimos deducir función alguna.

Aproximadamente a la misma altura pero del lado frontal también hay una pequeñísima y delgada protuberancia a la que tampoco le encontramos sentido.

MUESTRA NUMERO DOS: Esta es mucho más sorprendente que la anterior y casi no pudimos reconocer ninguna estructura ni correlacionarla con función alguna.

Es un ser casi en su totalidad de color verde, salvo una especie de "cabeza" formada por láminas superpuestas de un brillante color rojo.

Su cuerpo es tan sólo un largo eje central (también verde claro), del que salen otros ejes más cortos y finos a intervalos regulares, rematados todos en amplias láminas más oscuras.

Lo que parece ser la parte terminal del eje, opuesta a la "cabeza", es de color marrón claro y presenta adherencias irregulares. Estudios posteriores revelaron que son restos del suelo del planeta; esto nos hace pensar que este organismo fue arrancado del mismo y ofreció una feroz resistencia a ser desprendido. Esto nos llama la atención dado que la Bios tiene prohibido ejercer violencia alguna.

MUESTRA NUMERO TRES: Especimen de reducido tamaño, cubierto totalmente por unas láminas de color blanco formadas por una serie de pelos pegados unos a otros y unidos a un eje central (tubular) aparentemente duro.

Lo que se distingue como una cabeza, está desprovista de pantallas telepáticas (cosa que no observamos en ningún otro planeta de los 40 que recorrió la serie Bios), tiene dos "ojos" que tampoco están unidos a pedicelos como el nuestro y que en este caso se ubican muy separados uno del otro.

En la región frontal de la cabeza hay una "nariz" dura de color amarillo y dividida en dos, con un par de pequeños orificios en la parte superior. Finalmente, como remate de la parte superior, aparece una lámina roja con cierto parecido a la enigmática estructura del mismo color del ser verde y flaco.

Su cuerpo tiene forma oval, y los únicos miembros que se observan son dos que salen de la zona ventral del cuerpo. Son de color amarillo y terminan en tres dedos largos y finos, muy parecidos a los nuestros y un cuarto dedo orientado hacia atrás, más corto y grueso.

Ninguno de esos apéndices se encuentran provistos de las características ventosas en que terminan nuestros dedos y en su lugar se hallan unas saliencias duras, largas y puntiagudas como las que se ven en los seres del planeta Rivers-B.

Habiendo hecho la descripción general tomamos la decisión de descongelar, con sumo cuidado, las muestras.

Fue sorprendente observar que recién empezaron a mostrar signos vitales a los -10 grados centígrados. ¡Estos seres vivían en un horno! Parecían soportar bastante bien hasta los 40 grados, pero no quisimos arriesgarnos a probar mayores temperaturas.

Comenzamos la etapa de los estudios sobre el comportamiento y los análisis fisiológicos y químicos de estos enigmáticos seres.

Lamentablemente no pudimos comunicarnos con ninguno de ellos, sólo el ser marrón parecía tener un grado de inteligencia pero no la suficiente como para establecer un diálogo telepático o de otro tipo. De los estudios realizados pudimos sacar interesantes deducciones sobre el planeta y la organización de la vida en el mismo:

1 - El tercer planeta es caliente con temperaturas que varían al menos entre los 10 grados bajo cero y los cuarenta grados centígrados.

2 - Es un planeta que recibe mucha luz de su estrella, según dedujimos de la importancia que aparentemente tienen los ojos para conocer el mundo y porque carecen de órganos productores de bioluz como todas las especies de nuestro mundo.

Un hecho importantísimo en este aspecto es que el extraño ser verde no puede sobrevivir mucho tiempo sin luz. Sin embargo no pudimos descubrir en él estructuras para la visión ni órgano de los sentidos alguno en todos los estudios que llegamos a realizar.

3 - Para estos seres no parece ser tan importante percibir los sonidos como lo es para las especies de nuestro oscuro mundo. Esto explicaría el poco desarrollo de los órganos auditivos expresado en "orejas" pequeñas y poco sensibles. Estos órganos no mostraron tener ninguna capacidad como receptores telepáticos.

4 - Como en los tiempos primitivos de nuestro planeta, estos seres se ingieren unos a otros. Evidentemente no han evolucionado como para sintetizar el alimento a partir de la materia inerte aprovechando para ésto la energía que proviene de su estrella.

El único que parecía poder realizar ésto era el ser verde aunque no pudimos terminar con las pruebas debido a un desgraciado accidente.

5 - La temperatura corporal está regulada por el propio organismo como en nuestro caso. El ser verde no cumple con esta regla lo cual hace que sea el representante más interesante de las tres muestras recibidas, debido a que en él se combinan características muy avanzadas con otras muy primitivas según nuestros parámetros.

6 - Respiran el venenoso gas oxígeno, sin el cual no resisten ni siquiera unos minutos. Otra vez el ser verde nos sorprendió ya que si bien lo

necesita, lo hace en menor proporción que el resto y además en presencia de luz es capaz de producirlo. El gas que este ser consume en mayor cantidad es el dióxido de carbono que obtuvimos calentando nuestros hielos.

Pensamos que la atmósfera de III-T debe estar compuesta al menos por una mezcla de oxígeno y dióxido de carbono lo cual la hace altamente peligrosa para nosotros y descarta al planeta como futuro hogar.

7 - Salvo el ser verde que no posee esqueleto, el resto tiene uno muy débil compuesto por fósforo y calcio y esto nos permitió calcular que la fuerza gravitatoria en el planeta III-T equivale a la tercera parte de la del nuestro. El poco desarrollo muscular refuerza esta hipótesis. Demás está decir que cuando se vieron sometidos a la atracción gravitatoria de nuestro mundo, quedaron aplastados contra el suelo y rápidamente tuvimos que colocarlos en campanas antigravitatorias.

Aclaramos que según nuestros estudios el ser verde no es capaz de moverse por sí mismo y además parece que vive adherido al suelo planetario.

8 - El planeta III-T está muy bien provisto de agua y ésta es vital para las tres muestras. Esto se deduce del hecho de que casi el 90 por ciento de sus cuerpos está constituido por este material que, por supuesto, nos costó

muchísimo sintetizar.

9 - No pudimos observar estructuras ni comportamiento alguno que nos sugiriera la forma de reproducción.

El único indicio de lo que podría ser una estructura reproductiva es una esfera ligeramente ovalada de color claro que expulsó el ser blanco y que hemos colocado en un ambiente sofocante, a una temperatura de 10 grados centígrados para ver si se desarrolla aunque en todo este tiempo no mostró signos de cambio alguno.

10 - Como se sugiere de 9 tampoco pudimos ver estructuras sexuales, el único elemento que nos pareció podía servir para ese fin es la larga extensión corporal que el ser marrón lleva en la parte posterior de su cuerpo y que también utiliza para trepar. Esta sugerencia fue defendida fervientemente por la representante femenina de nuestro grupo y está siendo evaluada, aunque no hay mayores indicios de que sea realmente esa su función y bien puede tratarse de una apreciación subjetiva de la doctora.

Nota: Lamentamos comunicar que las investigaciones con el enigmático ser verde no pudieron continuarse debido a que en un descuido y ante nuestra sorpresa el ser marrón lo introdujo rápidamente por el gran ano que se encuentra en la base de su "nariz".

Dime cómo eres y te diré de qué planeta vienes

Nuestros imaginarios exobiólogos de un planeta ubicado en el centro de la galaxia a la que pertenecemos tanto nosotros como ellos, pudieron deducir interesantes características de nuestro planeta debido a la exquisita adaptación de los seres vivos a las condiciones imperantes en el mismo.

Los evolucionistas creemos que estas adaptaciones son el producto de 3.800 millones de años de evolución sobre la cambiante corteza terrestre por el mecanismo de la selección natural.

Aunque los científicos de la historia anterior no pudieran evaluarlo, nosotros podemos observar otras funciones de los seres vivos, tan perfectamente adaptadas al planeta, que responden incluso a la forma y velocidad con que éste se mueve en su travesía cósmica. Como ejemplos podemos citar una cantidad de ellas que se encuentran sincronizadas con las 24 horas que dura el día terrestre, determinadas por la rotación de la Tierra sobre su propio eje:

- En mayor o menor medida, todos los seres vivos de la Tierra tienen *ciclos de actividad* ajustadas a esta periodicidad: los ciclos alternados de sueño y vigilia en muchos animales, entre los cuales nos incluímos los humanos, son un buen ejemplo de ello.
- En el caso de las plantas, la *actividad fotosintética* depende de la presencia de luz sin la cual no puede realizarse.

También existen *"relojes internos"* que funcionan ajustados a períodos más largos como es el caso de aquellos determinados por las orientaciones relativas del eje polar terrestre con respecto al sol en su largo periplo alrededor del mismo, y que determinan los cambios de estaciones. Ejemplos de estos relojes biológicos son:

- En los animales que *hibernan*, las variaciones de temperatura debidas al cambio de las estaciones, desencadenan un complejo mecanismo por el cual el animal hibernante muestra modificaciones en su conducta, como la preparación de un lugar protegido para hibernar y también profundos cambios fisiológicos, como por ejemplo el descenso de la temperatura corporal, del ritmo de latido cardíaco y otros, todos ajustados a las modificaciones climáticas.
- El inicio de las grandes *migraciones* de aves, como en el caso de las golondrinas, tiene que ver con el cambio de estaciones.

Si fuéramos nosotros los exobiólogos en condiciones de enfrentar formas vivas provenientes de algún alejado planeta, con el grado de conocimiento que hemos alcanzado, seríamos tan capaces como los del cuento en deducir las características de dicho mundo estudiando las de las "muestras".

No hay nada como estar en casa

Sin embargo, como terrícolas que somos, acostumbrados y enamorados de nuestro planeta, pensamos que el lugar más apropiado para el desarrollo de la vida debería ser como la propia Tierra.

Un lugar donde la temperatura no sea ni muy elevada ni muy baja (de acuerdo con nuestros parámetros) porque según nuestra experiencia, las moléculas biológicas se desorganizan con el calor excesivo y pierden su actividad con el frío intenso.

Por lo tanto según nuestra visión "terrenal", el planeta donde busquemos vida debe estar lo suficientemente frío en su interior como para que su superficie no se encuentre sometida a altas temperaturas. También debe estar a una distancia tal de una estrella (que varía según la cantidad de energía que ésta es capaz de entregar), que permita una temperatura adecuada para la vida.

Según nuestra experiencia, la edad geológica del planeta debe ser lo suficientemente dilatada como para haber permitido la evolución de la materia hasta el estado viviente.

Igualmente pensamos que la presencia de agua en estado líquido es también una condición prácticamente indispensable, ya que sin ella no sería posible la vida tal cual la concebimos. En las condiciones terrestres, ***el agua es el único líquido capaz de mantener la estabilidad y la actividad de las moléculas biológicas.***

Es indispensable que tenga una atmósfera lo bastante densa como para que la radiación que proviene de la estrella no sea tan fuerte que llegue a desorganizar a las delicadas moléculas de la vida.

Por lo tanto pensamos que la fuerza de atracción gravitatoria que ejerce el planeta debe ser lo suficientemente intensa como para retener los gases que componen esa atmósfera impidiendo que escapen hacia el espacio.

Esta agradable especulación enfrenta no obstante algunas limitaciones que debemos tomar en cuenta para no olvidar que no es más que eso, una especulación entre tantas otras también posibles.

Podríamos imaginar, por ejemplo, moléculas biológicas que hayan desarrollado mecanismos de autoprotección e incluso que sean capaces de aprovechar lo que para nosotros es radiación dañina.Podría ser también que otros líquidos cumplan la misma función que para nosotros cumple el agua sin que ello implique mayores complicaciones para las condiciones existentes en dicho planeta.

No es posible descartar tampoco que haya organismos adaptados a soportar altas temperaturas sin deshacerse o bajísimas temperaturas manteniendo su actividad vital. Incluso en la Tierra existen bacterias capaces de prosperar a temperaturas tan "extremas" como 80 grados centígrados y 40 grados centígrados bajo cero y aún se estudian qué adaptaciones les permiten sobrevivir a tales temperaturas.

En fin, para cada presunción de lo que es posible o imposible para la existencia de vida, se pueden encontrar soluciones no conocidas ni imaginadas hasta ahora por nosotros. Pero que sin embargo la naturaleza, a través de los intrincados mecanismos de la evolución, sí puede haberlas encontrado.

Una y otra vez nos vemos obligados a buscar la vida en un planeta muy parecido al nuestro porque desconocemos otras posibilidades.

De lo único que podemos estar seguros es que es muy probable que la vida haya evolucionado en un "hermano geológico" de la Tierra. Esa es la razón por la cual antenas, ojos y naves se orientarán hacia allí en la medida en que podamos hacerlo.

CONCLUSIONES

Visitantes del espacio

Pese a todas las complejidades que, como vimos, tiene la búsqueda e identificación de vida E.T., están "documentados" miles de casos en los cuales se produjeron observaciones y contactos con las formas más avanzadas de esas manifestaciones de vida exterior.

Pululan por el mundo cientos de "ufólogos" aficionados y otros que logran percibir una buena renta por la publicación de sus "descubrimientos" e informes.

Se le han asignado a los OVNI y a sus ocupantes las más variadas intenciones: agresivas, amistosas e indiferentes. Los que afirman haber visto bajar exóticos seres de sus platillos, tampoco logran ponerse de acuerdo ni en el aspecto exterior ni en los propósitos de los mismos. Curiosamente son siempre bastante parecidos a las "creaciones" de la ciencia ficción.

Como ya dijimos, las Fuerzas Armadas y servicios de inteligencia de diversos países (que no excluyen al nuestro), formaron organismos especializados para tratar de verificar las declaraciones de los "contactados", como se los llama en la jerga ufológica a quienes vivieron una "experiencia OVNI". Todos los informes dan resultados negativos.

Uno de los proyectos más ambiciosos que duró desde 1947 hasta 1968, se llamó *Proyecto Libro Azul*, y fue encarado por la Fuerza Aérea Estadounidense y la Central de Inteligencia de ese país (la tristemente célebre C.I.A.). Los resultados de estas investigaciones fueron publicados en el informe que lleva el nombre de *Condon*, (no por lo que ustedes pudieran pensar, sino porque ese era el apellido del Doctor en Física que presidió dicha comisión encargada de redactar tal documento). El organismo declara que analizó 12.618 casos de "avistamientos". Muchos de ellos documentados fotográficamente. De esa cantidad sólo 700 casos no pudieron ser explicados por causas tales como: ilusión óptica, fenómenos atmosféricos, globos sonda, aeronaves comerciales o militares o simplemente... fraude (ganas de hacerse famoso a toda costa; ¡qué me dicen!).

Por no poder comprobarse ninguna de estas causas se los mantuvo provisionalmente en la categoría de "objetos no identificados".

Debemos además tener en cuenta, que en la época en que se analizaron dichos casos, no existían técnicas tan confiables como las que se dispone hoy día para descubrir fotografías "truchas", y por lo tanto, muchas de ellas pueden haber pasado las pruebas a las que fueron sometidas en ese momento.

Nuestro país tampoco es ajeno a las "avalanchas" de OVNI que cada tanto surcan el cielo. Tímidos, huidizos, coloridos y superveloces, casi siempre aparecen en desolados parajes ante pocos y trasnochados espectadores que blasfeman por no tener una cámara a mano o si la tienen y superan el terror del encuentro, los fotografían sin mucho detalle. Suelen quemar un poco de pasto, asustar a los desprevenidos y partir zigzagueando por el espacio. Casi siempre desaparecen de la vista en menos de lo que canta un gallo.

Raramente son "registrados" por radares civiles o por los elaborados sistemas de defensa antiaérea preparados para detectar o destruir cualquier cosa que se les venga por el aire pero incapaces de "ver" a un OVNI. Tampoco a los astrónomos se les han cruzado por las lentes de sus poderosos telescopios.

Algunas veces transportan hasta su nave a algunos terrícolas escogidos, se muestran y les muestran maravillosos instrumentos y luego los depositan suavemente en Tierra otra vez, para que les cuenten al mundo su excitante experiencia, sin siquiera un souvenir de recuerdo. Ninguno ha optado por presentarse "oficialmente" en la Tierra. La diplomacia no es su fuerte. De todas estas consideraciones surgen una cantidad de interrogantes que no son fáciles de responder por los "ovnólogos" y que podríamos expresar en una sola pregunta fundamental:

¿Por qué los extraños visitantes gastan enormes recursos energéticos, viajan cientos o miles de años por la soledad del espacio y parten como vinieron mostrándose apenas ante algunos afortunados de nosotros?

Así como para nuestra civilización es infinitamente más barato (en términos de ahorro de energía), intentar la comunicación por medio de las ondas electromagnéticas, es imposible pensar que a "ellos" no se les hubiera ocurrido la idea. La velocidad a la que se propagan las ondas de radio es igual a la de la luz y a su vez el límite máximo de velocidad que puede alcanzarse en el universo, según dedujera el genial físico Albert Einstein.

Cualquier civilización que haya alcanzado los conocimientos suficientes para desplazarse por el espacio, aunque sea unos pocos miles de kilómetros, tiene que poder manejar a la perfección las leyes que gobiernan el electromagnetismo y su aplicación tecnológica.

Algunos ufólogos dicen que "ellos" quieren estar seguros de que tenemos la suficiente madurez como para establecer el contacto. Otros sostienen que exploran secretamente el planeta para iniciar una invasión.

Estas respuestas resultan por lo menos ingenuas e infantiles (también menos imaginativas y de menor calidad literaria que la de los buenos autores de ciencia ficción). Cualquiera puede darse cuenta de que si una civilización lograra resolver el tremendo desafío que significa trasladarse a tales distancias por el cosmos, su poder sería de tal magnitud que es imposible pensar que sientan temor ante nuestra "primitiva" tecnología. Los adelantos científico-técnicos alcanzados por nosotros no podrían constituirse en una traba para sus objetivos, fueran éstos la invasión o el estudio.

Puestos ante este aprieto, algunos "expertos" en el tema OVNI, intentan convencernos con explicaciones más "rebuscadas". Por ejemplo en las "revistas especializadas" aparecen algunas del siguiente estilo:

- Que tienen "acuerdos" con alguna superpotencia a la cual dan su apoyo irrestricto transformándose así en su arma secreta.
- Que en realidad no viajan desde lejos sino que tienen sus bases en el interior de la Tierra o en el fondo del mar. (Hasta se ha sostenido —sin fundamento alguno— en medios "pro-plato" que la "puerta de entrada" al interior terrestre es un gran agujero ubicado en el polo Norte del planeta).
- Que ya están entre nosotros pero "disfrazados"de humanos.

Podríamos hacer una lista prácticamente interminable de estos intentos de explicar lo inexplicable, pero es "al cuete" invertir tinta y papel en ello.

Ahora bien, si los OVNI no existen: ¿cómo es posible que tanta gente, vea casi al mismo tiempo o en períodos muy cortos "platillos" sobrevolando los cielos? o dicho de otro modo, si solo fueran ilusiones ópticas, ¿cómo es posible que se produzcan fenómenos de "avalancha" en los avistamientos ?

La primera ola de estos avistamientos fue en 1947, el mismo año en que el piloto norteamericano K.Arnold diera a publicidad su experiencia OVNI, la primera de toda esta historia. Miles de personas vieron en ese año platillos en los jardines de sus casas, rutas solitarias o populosas

AYER

¿CAPTURA DE SERES DE OTRO MUNDO?

En julio de 1947, se rumoreó que un OVNI se había estrellado en Nueva Méjico (USA).
La fuerza Aérea estadounidense desmintió la noticia pero en forma bastante desprolija como para que los grupos de ufólogos la acusaran de ocultamiento de información. Incluso estos grupos denunciaron que había cadáveres de E.T. en poder del gobierno. Al año siguiente los medios periodísticos aseguraron que un OVNI se estrelló en Texas y también se hallaron restos de una "víctima" del accidente. En 1980 se publicaron las fotos del presunto cadáver E.T. Sin embargo, allí se relataba que se trataba de un mono de los que se utilizan para experimentación.
En 1981, la publicación de divulgación científica francesa LA RECHERCHE, adelantó la hipótesis de que dichos estrellamientos certificaban que los EE.UU. experimentaban con cohetes, algunos de los cuales llevaban tripulación animal. Eran los años del inicio de la "carrera espacial" entre la Unión Soviética y los EE.UU., que dominó los próximos 35, de desafíos tecnológicos entre ambas potencias. Parece que a algún vivo se le ocurrió que la mejor "pantalla" destinada a mantener en secreto dichas "misiones" eran los OVNI. Y no le erró...

HOY

NO ATERRIZO EL ATLANTIS

Fuertes vientos en el lugar de aterrizaje obligaron a posponer el descenso del transbordador espacial Atlantis, previsto para la tarde de ayer en el desierto de Mojave (California). El Atlantis había cumplido su última misión de espionaje para el Pentágono.

DIARIO CLARIN,
septiembre de 1991

ciudades. A partir de ese momento cada tanto se producen nuevos "rebrotes" de estas oleadas.

¿Se debe a que los seres que tripulan dichas naves deciden venir en "patota" al planetita que habitamos o es, como muchos dicen, una virtud de los medios masivos de comunicación que "estimulan" las observaciones creando predisposición en la gente para ver cosas raras?

Algunos medios "ufológicos", menos fanáticos que la mayoría de ellos, admiten que es importante el papel que los medios cumplen en ese sentido.

También es llamativo que los primeros relatos de "contactados", es decir aquellos que relatan haber tenido comunicación telepática con seres extraterrestres, ubicaban la morada de éstos en planetas de nuestro sistema solar (en particular Venus se presentaba como el preferido). En la actualidad, cuando ya se disponen de datos concretos que descartan la presencia de civilizaciones en estos planetas, los relatos ubican el lugar de origen de estos visitantes más y más lejos de nuestro sistema solar e incluso de nuestra galaxia. Por ejemplo hoy (gracias a los datos aportados por las naves *Venera* que visitaron las cercanías de ese planeta en 1984), se conoce que Venus es un mundo ardiente, con temperaturas promedio de 500 grados centígrados y donde llueven ácidos como el fluorhídrico, el más potente conocido, único capaz de atacar al vidrio.

Pero tratemos de enfocar desde otro ángulo el problema OVNI:

El avance de la ciencia ha dado en el último siglo grandes saltos que ponen en difícil situación a la concepción religiosa del Universo. La humanidad ha ido sustituyendo poco a poco el universo religioso por el universo científico. El temor de los hombres a los medios masivos de destrucción es cada vez mayor que el temor a Dios y su esperanza en los avances de la ciencia para curar los males de la humanidad va también suplantando la esperanza de que se produzca un milagro.

La concepción religiosa sustentada por la Inquisición hace 600 o 700 años, (y por otras confesiones en distintos lugares y momentos de la historia) tenía la virtud de frenar a los disconformes a través del temor a Dios, o si con éste no alcanzaba, a los menos piadosos pero tangibles tormentos, exilios y asesinatos. Sin embargo esta concepción se convirtió en un freno para el avance de la ciencia y como consecuencia directa de ello, del desarrollo económico.

Para superar esta contradicción se intentó (y aún se intenta), con cierto éxito, separar el universo científico del religioso: el "cómo se hizo el cielo" y la aplicación práctica de ese descubrimiento quedó a cargo de los poderes económicos y políticos; el "cómo se va al cielo", a cargo de representantes de las distintas religiones que, en muchos casos integran y defienden aquellos intereses económicos y políticos. Estos esfuerzos se van haciendo cada vez más insuficientes. ¿A quién temer y respetar entonces?

A algunos se les ocurrió que el Nuevo Dios para ser "respetable" debía dominar mejor la ciencia y la técnica que los milagros. El "Supremo" del siglo XX tenía que ser sobrenaturalmente un "as" de la ciencia y la técnica. Gracias a Dios, llegaron los O.V.N.I.

...los extraterrestres no pierden el tiempo en especulaciones alrededor de esa gran incógnita: el azar. Iban sobre seguro. Trabajaban sobre planos. No esperaban al paso de evoluciones aleatorias sino que cultivaban formas de vida y las especies con arreglo a sus previsiones. Si una especie indeseable amenazaba con dominar la Tierra, poniendo en peligro a los demás o perjudicando su desarrollo, la eliminaban. Hoy sabemos que mediante la diseminación de virus, esos microorganismos causantes de enfermedades en hombres, animales y bacterias pudo lograrse la instantánea desaparición de casi todos los saurios; por ejemplo..."

Erik Von DenicKen
LA RESPUESTA DE LOS DIOSES

Los Dioses del siglo XX

La teoría evolucionista desafió con éxito creciente a la concepción religiosa del origen y desarrollo del universo biológico. Estar en contra de la evolución desde el ámbito de la ciencia se volvió algo difícil aunque muchos lo intentaron y aún lo intentan. Pero el campo desde donde más podían fructificar las ideas antievolucionistas era el de la pseudociencia y otras variantes del esoterismo, donde las pruebas son substituidas por "creencias", por "rumores" o por "evidencias" nunca muy claras ni comprobables.

Así nace la idea del origen "esotérico" de la vida en la Tierra. Algunas variantes del nuevo creacionismo sostienen que la vida en nuestro planeta, incluido el hombre, fue creada por seres inteligentes provientes del espacio exterior.

Nuevamente, se intenta hacernos creer que la humanidad está contituida por algo así como despreciables homúnculos salidos del tubo de ensayo de un científico extragaláctico que nos sembró. Si no le gustamos a nuestro "creador", nos destruirá y con ese objetivo viene cada tanto a vigilar cómo marcha su experimento cósmico.

Este intento de transformar la "ovnilogía" en una nueva religión necesita, para poder prosperar, de sus seguidores y de sus sacerdotes. Algunos de estos sacerdotes se disputan el lugar para ver quién se transforma en el Gurú de esta nueva fe.

Nacen así las "increíbles evidencias" de la visita E.T. desde tiempos inmemoriales. Platillos, platos y platitos, sin excluir a sus ocupantes, parecen ser temas ya retratados en pinturas rupestres de 10.000 años de antigüedad; también en telas pintadas con motivos religiosos en el siglo XVI. De la misma forma se reinterpretan una cantidad de textos bíblicos, presentándolos como los primeros relatos de la relación de los hombres con superinteligentes seres de otros mundos.Un ejemplo de estas nuevas interpretaciones de los textos sagrados, es aquella en la que se relata cómo durante el Éxodo Hebreo a través del desierto, el pueblo se alimentó del Maná enviado por Dios desde el Cielo. Según los defensores de la presencia extraterrestre en la

Tierra fueron justamentes seres de esa procedencia los que enseñaron al pueblo judío a construir una máquina capaz de sintetizar dicho alimento y hasta se aventuran a dar una descripción de cómo estaba construido tal artefacto.

Asimismo, la agricultura, la industria y hasta el comercio nos fue "revelado" por civilizaciones venidas desde el espacio. Ya no sólo, según estas interpretaciones, la evolución biológica es una falacia inventada por trasnochados hombres de ciencia sino que tampoco somos los hombres artífices de la evolución social y el patrimonio cultural de la humanidad a la que pertenecemos.

Lo que nadie responde sigue siendo la eterna pregunta: ¿cómo surgió la vida en aquel planeta desde dónde vienen tan ilustres visitantes?

Hoy por hoy, la teoría de la evolución sigue siendo un modelo satisfactorio para explicar el origen y desarrollo de la vida en nuestro planeta. Lo hace en forma natural, sin necesidad de recurrir a ninguna "solución mágica" del problema. Tal vez hasta logre explicar el surgimiento de la vida en otros mundos cuando ésta sea descubierta.

Si este modelo fuera algún día superado por evidencias serias de que ésta fue fundada desde el exterior del planeta como quieren los "fans" del plato, aún tendríamos la misma incógnita: ¿cómo surge y se desarrolla la vida en cualquier lugar del Universo que sea?

Si comprobáramos la "hipótesis" de que la vida

terrestre fue sembrada por superinteligentes E.T., podríamos preguntarles a ellos cuál es la respuesta a este interrogante. Seguro que nos mirarían sorprendidos y nos dirían: "¡Ah...la vida!....bueno, es el producto de la *evolución*, ¿no lo sabían?".

GALERIA DE PERSONAJES

Jean Baptiste Lamarck

NACIO: 1744 - MURIO: 1829

NACIONALIDAD : Francesa

PROFESION: Naturalista

APORTE A LA CIENCIA: En Biología general. En particular fue el primer expositor (1809) de una teoría razonada y coherente de la evolución biológica, pese a las limitaciones que luego esta teoría demostró tener.

Charles Robert Darwin

NACIO: 1809 - MURIO: 1882

NACIONALIDAD: Inglesa

PROFESION: Naturalista

APORTE A LA CIENCIA: En Biología general, Geología y Botánica. En particular a la Biología con su teoría de la Selección Natural. (1859)

L. PASTEUR

LOUIS PASTEUR

NACIO: 1822 - MURIO: 1895

NACIONALIDAD : FRANCESA

PROFESION: QUÍMICO Y BACTERIÓLOGO

APORTE A LA CIENCIA: En Medicina, particularmente en bacteriología. Demostró la imposibilidad de la generación espontánea. Descubrió el origen microbiano de algunas enfermedades contagiosas.

A. OPARIN

ALEXANDER OPARIN

NACIO: 1898 - MURIO:1980

NACIONALIDAD : RUSA

PROFESION: BIOQUÍMICO

APORTE A LA CIENCIA: En Biología. Primera teoría científica sobre el origen de la vida (publicada en 1925).

A MODO DE CRONOLOGIA

SIGLO IV a. de C

LUGAR: GRECIA

IDEAS DOMINANTES: Anaxágoras, concibe al Universo formado por múltiples mundos semejantes a la Tierra. El y sus seguidores creen que dichos mundos pueden estar habitados por formas de vida, incluso inteligentes. Domina la idea del cambio permanente de todas las cosas ("Todo fluye"). Surgen incipientes ideas evolucionistas que postulan que unas especies pueden haberse originado a partir de otras. Estas ideas llevan el nombre de transformistas y están representadas por Anaximandro y Empédocles.

SIGLO III a. de C.

LUGAR: GRECIA

IDEAS DOMINANTES: Con Aristóteles, se impone la idea de que el Universo está formado por dos partes esencialmente diferentes: la Tierra y los dominios

Celestes (el Cielo). La vida es un fenómeno exclusivo de la Tierra. Para la filosofía oficial de la época, hay un "orden natural" inamovible ("nada cambia").

SIGLO II d. de C.

LUGAR: **GRECIA**

IDEAS DOMINANTES: Claudio Tolomeo presenta un modelo del Universo acorde con las ideas de los filósofos aristotélicos y ubica la morada de los Dioses en el mundo celestial. Refuerza la idea de que la vida es un fenómeno puramente terrestre y que no sufrió cambios desde su creación.

SIGLOS III al XVI

LUGAR: **EUROPA OCCIDENTAL**

IDEAS DOMINANTES: Se incorpora el modelo Tolomeico al sistema de ideas del cristianismo. Se adopta como dogma oficial. Domina la idea de la creación de todas las especies vivientes en un acto único según la descripción bíblica. Contradictoriamente los alquimistas de la Edad Media postulan la teoría de la posibilidad del "nacimiento" de seres vivos a partir de la materia inerte sin que medie proceso reproductivo

alguno. Estas ideas son apoyadas por algunos teólogos de gran influencia como Santo Tomás de Aquino.

SIGLO XVI al XVIII

LUGAR: **EUROPA OCCIDENTAL**

IDEAS DOMINANTES: Con Copérnico, Galileo, Kepler y otros científicos de la época del Renacimiento, se retoma la idea de que la Tierra es uno más entre muchos mundos semejantes donde rigen las mismas leyes de la naturaleza. Resurge la idea de que otros planetas pudieran estar habitados (Giordano Bruno). Se cuestionan seriamente las ideas de la generación espontánea a partir de los trabajos de F. Redi.

SIGLO XIX

LUGAR: **EUROPA OCCIDENTAL**

IDEAS DOMINANTES: Surgen las ideas evolucionistas y el esfuerzo por encarar un estudio que devele los mecanismos por los cuales unas especies surgieron por modificación de otras que les precedieron. Al principio de siglo estas ideas están representadas por Lamarck. Hacia mediados del siglo Darwin y Wallace logran elaborar un modelo científicamente fundamentado de estos mecanismos avalado por datos observacionales y registros fósiles.

SIGLO XX

LUGAR: **EUROPA, RUSIA Y EE.UU.**

IDEAS DOMINANTES: Se afianzan las ideas evolucionistas. Son redescubiertas las investigaciones de Gregor Mendel sobre la herencia y con ella surge la Genética que esclarece muchas de las partes"oscuras" de la teoría de Darwin. Surge la teoría del origen de la vida (Oparin y Haldane). Se toma seriamente el tema de la posibilidad de existencia de vida en otros planetas y se considera que puede haber tenido su origen en forma similar a aquella que determinó su aparición sobre la Tierra. A partir de la década del 50, con el desarrollo de la tecnología de las comunicaciones y la "carrera espacial", se hacen intentos para detectar esas probables formas de vida fuera del planeta, sin resultados positivos hasta el momento. Nace la Exobiología como una disciplina particular dentro de las Ciencias Biológicas.

PARA SABER MAS

Hay bastantes buenos libros y publicaciones de divulgación donde puede encontrarse material que trata sobre el tema de la evolución de la vida en el Universo.

Entre ellos los textos de Isaac Asimov son clásicos en la materia. Uno de ellos, titulado *"¿Hay alguien ahí?"* (Barcelona, Editorial Bruguera, 1973) trata específicamente sobre la posibilidad de vida en otros mundos.

El astrónomo argentino Carlos Varsavsky en su libro "*Vida en el Universo*" (Buenos Aires, Centro Editor de América Latina, 1971) también trata este problema.

Sobre aquellas cuestiones relacionadas con las investigaciones que se llevan a cabo en exobiología encontramos los libros de Carl Sagan: *"Cosmos"* (Barcelona, Editorial Planeta, 1982) y *"El cerebro de Brocca"* (Buenos Aires, Editorial Grijalbo, 1984).

Un clásico sobre el origen de la vida en la Tierra, lo encontramos en *"El origen y la evolución de la vida"* (Buenos Aires, Ediciones Curie, 1978) de A. Oparin.

Entre las publicaciones que habitualmente tratan sobre todos estos temas, están las ediciones en español de las revistas *"Investigación y ciencia"* y *"Mundo científico"*; así como la excelente revista argentina *"Ciencia hoy"*.

¿QUE SE HACE EN LA ARGENTINA?

Entrevistamos a Fernando Colomb

El Doctor *Fernando Colomb* es Director del Instituto Argentino de Radioastronomía (I.A.R.) ubicado en Villa Elisa, cerquita de La Plata.

Nos dice que este instituto de investigación fue fundado en 1962 y cuenta con dos antenas parabólicas destinadas a la investigación radioastronómica del hemisferio sur celeste. Una de esas antenas, que desde hace años trabaja "silenciosamente" en los proyectos de investigación del Instituto, se transformó en noticia desde fines del año pasado.

Ocurre que la misma fue conectada a una

superrecontracomputadora destinada a analizar (todas al mismo tiempo) 8,5 millones de frecuencias de radio diferentes, en una banda que se considera la óptima para la comunicación con civilizaciones extraterrestres tecnológicamente avanzadas (o por lo menos tanto como nosotros).

Es algo así como que, ansiosos por enterarnos de alguna noticia importante de la que nadie informa nada, nos pusieramos a escuchar 8,5 millones de emisoras de radio en forma simultánea suponiendo que alguna de ellas transmitirá lo que nos interesa.

(¡Otra que zapping!)

El aparatejo fue bautizado con el nombre de META II y es gemelo de un complejo antena-analizador (obviamente llamado META I) ubicado en Harvard (EEUU) que se encarga de "barrer" el hemisferio Norte con el mismo objetivo desde hace unos 5 años.

La META I fue instalada con el aporte de la Sociedad Planetaria que es una entidad privada estadounidense dirigida por el astrónomo y divulgador científico *Carl Sagan* Su objetivo es promover grupos de investigación destinados a la búsqueda de inteligencia extraterrestre (proyecto CETIS). La Argentina logró la instalación de la META II debido al interés local en participar en un proyecto de este tipo y a los esfuerzos que, con escasísimos medios, venían realizándose en el I.A.R. en ese sentido.
Como consecuencia de los acuerdos realizados con dicha Sociedad, el I.A.R. envió a dos ingenieros electrónicos argentinos a EE.UU. para que participaran en la construcción de la "maquinita" y se entrenaran en su

instalación y manejo. Parece que se tardó casi tanto en preparar a los ingenieros como en sacar de la Aduana Argentina el ingenio. ¡Cosas de la inteligencia terrestre!

El trabajo principal al que actualmente está destinado el flamante equipo es realizar un relevamiento de todo el hemisferio sur. Para lograr esto, se deja la antena fija y se aprovecha la rotación de la Tierra para "barrer" el cielo. Cada tanto se varía un poco la posición de la antena (se baja o se sube), con el fin de continuar dicha exploración. A partir del momento en que se complete este "mapa" de radiofrecuencias, se comenzaría con el estudio de regiones particulares del cielo (aquellas que resulten más interesantes según los resultados del "mapeo").

Pero... ¿Cómo se elige hacia dónde apuntar la antena?. Existen varios criterios. Uno de ellos es técnico y se refiere a aquel lugar del cosmos donde la emisión natural de ondas de radio (llamada radiación de fondo) sea de poca intensidad y entonces interfiera poco con lo que se quiere detectar (emisiones artificiales). Los otros criterios son más especulativos: hacia estrellas parecidas a nuestro Sol, hacia sistemas estelares que se supone contienen planetas o hacia lugares relativamente cercanos de la Tierra para que, si se detecta la presencia de señales inteligentes, la comunicación sea posible en tiempos relativamente cortos. De todas maneras es más difícil que arrojar un dardo en una habitación oscura y desconocida, con la esperanza de que haya un blanco en ella y además que el proyectil encuentre su centro en algún punto de su recorrido.

Le preguntamos al Dr. Colomb si el grupo de búsqueda de señales incluye a especialistas en diferentes áreas de las ciencias. Nos dice que por ahora no. Esto se debe a que se está en los comienzos del trabajo y a la poca tradición de trabajos multidisciplinarios en la Argentina. Sin embargo opina que podría ser una necesidad en el futuro, tal como se hace en los países donde se desarrollan proyectos espaciales, donde exobiólogos, químicos, ingenieros, astrónomos, físicos, médicos, etc. trabajan en común para cumplimentar con el objetivo.

Dato curioso: la todopoderosa NASA, no tiene todavía equipos destinados a la búsqueda de inteligencia extraterrestre y recién están en la etapa de construcción de los medios técnicos necesarios y formando el personal científico y técnico adecuado para entrar a este particular "club de radioaficionados". Se calcula que para 1993 estará todo "a punto" y entonces se ensancharán muchísimo las posibilidades de búsqueda.

No pudimos evitar la pregunta obligada cuando de estos temas se trata: ¿Qué piensa el Dr Colomb de los O.V.N.I.? Su gesto es el del hombre al cual le han hecho millares de veces la misma pregunta, y su respuesta la que la comunidad científica comparte casi en su totalidad. Si tuvieran la capacidad técnica de recorrer esas tremendas distancias y sin duda a velocidades también descomunales, resultaría irracional gastar tamaña cantidad de energía para, finalmente, evitar todo contacto con nosotros haciendo su aparición en desolados parajes y ante muy pocos espectadores.

Agradecemos al Dr. F. Colomb su colaboración y le deseamos suerte en la búsqueda tanto a él como al grupo de investigación que dirige.

Entrevistamos a Esteban Hasson

El Doctor *Esteban Hasson* es Profesor Adjunto de la cátedra de Evolución de la Facultad de Ciencias Exactas y Naturales de la Universidad de Buenos Aires (U.B.A.).

Nuestra primera pregunta fue acerca de la historia del surgimiento de los estudios sobre evolución en la Argentina.

Una de las puntas importantes del desarrollo de los estudios evolutivos en la Argentina se inicia a partir de la labor del *Dr. Osvaldo Reig* quien durante años intenta fundar una escuela de investigación evolutiva local.

Desgraciadamente esos esfuerzos se ven repetidamente interrumpidos por la irrupción de los golpes militares que obligan al Dr. Reig, como a tantos otros científicos y docentes, a salir del país durante largos períodos y a desarrollar lo fundamental de sus estudios en otras tierras.

Por lo tanto, no existe una fuerte tradición sobre estudios evolutivos en nuestra patria. En cambio, a nivel internacional las cosas son muy distintas. Existen muchos grupos en el mundo, y en particular en EE.UU., que trabajan fuerte sobre estos temas. Muchos siguen una línea de investigación ya clásica, desarrollada por *Theodosius Dobzhansky* sobre una mosquita que no tiene nada de "mosquita muerta". Esta mosca que se llama comúnmente mosca de la fruta (*drosophila* para los científicos), inauguró la era del estudio de los cambios genéticos— y por lo tanto de significación evolutiva— en poblaciones animales.

Resulta que debido a que es muy fácil de criar en el laboratorio, a que su ciclo de vida es corto y además tiene una amplia distribución en toda América, la *drosophila* goza de gran simpatía entre los investigadores de cambios genéticos.

El grupo de Dobzhansky recorrió gran parte de América del Sur en busca de estas mosquitas y a su paso fue fundando una escuela de evolucionistas en esta parte del mundo. Por cosas del azar, la política o la falta de interés científico, su escuela de genetistas no hizo escala en nuestro país. Fue en Colombia, Chile y en particular en Brasil donde se desarrolló con fuerza dicha escuela.

En 1982, después de largos años de exilio, el Dr. Osvaldo Reig vuelve a la Argentina y organiza la cátedra de Evolución en la U.B.A. Alrededor de la misma se forma un grupo —del cual Esteban es parte integrante— que se dedica a la investigación y a la docencia. Desde su establecimiento (1984) a la fecha han hecho su tesis doctoral en esta cátedra varios investigadores argentinos.

Nuestra pregunta apunta ahora sobre cuáles son las líneas actuales de trabajo de este grupo.

Esteban nos cuenta que actualmente su trabajo se centra, por un lado, en el estudio de la genética de *roedores caviomorfos* (de los cuales los cobayos son representativos) y por el otro en un género de Drosophilas que habitan la zonas áridas del país alimentándose de hongos y bacterias que crecen sobre plantas del tipo de los cactus.

En particular el Dr. Hasson investiga sobre estas moscas como continuidad de trabajos que inició en la Universidad de Barcelona sobre los mismos "bichitos".

Un dato curioso que nos relata Esteban es que en España existen el mismo tipo de moscas, pese a que se considera que son originarias de la Argentina. Esto hace pensar que estos bichos fueron "exportados" involuntariamente a España en los primeros años de la colonización. De esta manera *las* poblaciones de drosophilas *en la Argentina y en España provendrían de un tronco común que podemos ubicar en el tiempo.*

Este conocimiento permite elaborar modelos para evaluar la incidencia de las condiciones ambientales (lógicamente diferentes en España que en nuestro país) y otros factores en la fijación de determinadas modificaciones genéticas a lo largo del tiempo.

La investigación evolutiva encarada por el equipo del Dr. Reig se caracteriza por la utilización de una variada gama de técnicas modernas de análisis biológicos y bioquímicos. Este hecho les obliga (con placer) a colaborar con distintos grupos de investigación en otras áreas de la biología. Biólogos moleculares, genetistas, ecólogos, parasitólogos, etc. se asocian para realizar estos estudios evolutivos.

Preguntamos finalmente su opinión sobre la controversia evolucionismo-antievolucionismo.

Nos contesta con apasionamiento científico que, en su opinión, desde el punto de vista teórico esta puja partió siempre de una disyuntiva falsa:

Esteban sostiene que *la evolución es un hecho establecido incuestionable que puede observarse en el laboratorio de los estratos geológicos.* Las especies han cambiado a lo largo de la historia de la tierra, desde los primeros organismos hasta los que observamos actualmente, por mecanismos evolutivos. La discusión en todo caso, es sobre cuáles fueron los mecanismos concretos por los cuales se produjeron tales cambios.

El ***modelo evolucionista darwiniano*** *y, actualmente la* ***Teoría sintética de la evolución*** *proveen una explicación coherente de esos mecanismos que hasta el momento no fue superada por otro modelo.* Por el contrario se fue enriqueciendo por los aportes de diversas disciplinas.

Los cuestionamientos más fuertes a este modelo eran los que sostenían que la selección natural podía explicar sólo los pequeños cambios evolutivos (como el cambio de color en las mariposas), pero eran incapaces de explicar los grandes "saltos", como por ejemplo el paso de los reptiles a mamíferos.

Esta discusión comenzó a resolverse con el descubrimiento por parte de la biología molecular de que había dos tipos de genes según su nivel de importancia. Están aquellos llamados GENES ESTRUCTURALES cuya modificación tiene una pequeña influencia en el plan de organización del organismo (por ejemplo el cambio en el color de las mariposas) y otros, llamados GENES REGULADORES, cuya función es controlar la expresión de grupos de genes estructurales. Por lo tanto si la mutación se produjera en un gen regulador, produciría una variación en la forma en que se expresan muchos genes estructurales que dependen de él. Así podrían variar de una sola vez una cantidad grande de características del organismo (por ejemplo: color, cantidad de patas, forma de reproducción, etc). Si este cambio resultara adaptativo, se transmitiera a la descendencia y se fijara en la población, ésto supondría lo que los científicos describen como un gran *salto evolutivo.*

En opinión de Esteban, en la Argentina en particular, la controversia entre evolucionistas y antievolucionistas no pudo expresarse con la violencia que adquirió en otras latitudes debido tal vez a la poca tradición evolucionista en el país. Seguramente en la falta de continuidad de los estudios evolutivos, tuvo decisiva influencia el oscurantismo que dominó la vida política del país en largos períodos de su historia.

Con la esperanza de que esto no vuelva a ocurrir, pero que tampoco la falta de recursos conspire contra la investigación y la enseñanza en la Argentina, nos despedimos del Dr. Esteban Hasson.

David J. Aljanati, nació en Buenos Aires en 1953. Tiene la suerte (si se consideran sus gustos), o la desgracia (si se consideran sus ingresos), de ser Licenciado en Ciencias Biológicas de la Facultad de Ciencias Exactas y Naturales de la U.B.A.

Desde hace varios años su actividad fundamental se desarrolla en el campo de la docencia, en particular de la enseñanza de las ciencias, tanto en instituciones públicas como privadas.

Ha hecho diversos cursos sobre este tema y también los ha dictado para profesores y maestros del ámbito escolar capitalino. Coordinó Talleres y Laboratorios de Ciencias en diversas escuelas de nivel primario y secundario.

Ha colaborado en la realización de libros de texto y en revistas especializadas de educación. Actualmente sufre también de docencia universitaria en la Facultad que lo vio recibirse.

Se conoce que es un apasionado de los campamentos en el Sur Argentino y siempre que tiene la posibilidad, se lo puede encontrar con su familia acampando a orillas de alguno de sus hermosos lagos, disfrutando de la naturaleza y dejando para otros momentos el pensar cómo es que funciona.

INDICE

Impreso en
A.B.R.N. Producciones Gráficas
Wenceslao Villafañe 468,
Buenos Aires - Argentina,
en agosto de 1992.

9